CONTENTS

PART 1

便当的菜品款式变化是关键！

铁板烧便当

PART 2

食材决定一切！

不同食材的便当

[肉]

[鱼]

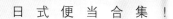

日式便当合集！

便当教室

（日） 长谷川理惠 著
赵秀云 译

因为爱，所以坚持了 20 年，
才有了 4 000 余款爱心便当的诞生。
带你走进便当教室，这里有爱，有料，有惊喜。

辽宁科学技术出版社
· 沈阳 ·

序 言

不知不觉我已经坚持 20 年为家人每天做便当了。

我的每一天都是从制作便当开始。每天起床后就直奔厨房。

为了早晨多睡一会儿，还不耽误为家人做便当，

我一直在琢磨，怎样才能让早上准备便当的工序最简单、用时最短。

我家人的反馈都非常诚恳，偶尔也会发牢骚，让我不得不赶紧反省，

有时还会提出表扬让我沾沾自喜，真是喜忧参半。

正因为有了家人的支持，我才能愉快地坚持下去，而且还可以一点点地进步。

这 20 年间，在做便当这件事上我做了很多尝试。

最初，我曾试着同时准备好几个制作工序复杂的菜品，或者把不适合做便当的菜放进

便当，经历了多次的失败。

随着经验的积累，菜品的种类和做法也在逐渐变化。

在本书中，我会从多年的经验中凝练出的精华介绍给大家，包括简便且好吃的便当的

烹饪方法、从反复制作总结出的推荐食谱和菜式翻新方法，还会介绍做便当时可以准

备的常备菜等。

本书所刊载的便当照片都是我在制作当天早上拍的真实照片。

大家看了我的便当之后，会恍然大悟，其实做便当并不难。如果本书可以给大家提供

一些参考，我将会非常欣慰。

长谷川理惠

长谷川理惠

  作为料理研究家活跃于业界的同时，从 20 多年前开始，坚持为丈夫和孩子制作便当。
每天早上会把制作好的便当拍成照片，发布在微博上，所制作的便当超过 4000 款。本书从
中选取了 100 多款便当，并附上她自己拍的照片。网址：http//riesan.exblog.jp

PART 3

有这个就放心了!

朴素的常备菜

Column

●配料表所记载的分量，1 小匙 =5mL、
1 大匙 =15mL、1 杯 =200mL。
●微波炉的加热时间为基准时间，不同
厂商和型号的微波炉所需时间会有所不
同，可根据情况适当调整。
●保存时间为基准数据，根据食材的新
鲜度及季节、保存状态等也会有所不同，
请视具体情况来判断。

INTRODUCTION

不需要操劳费心，就能够轻松做出
"爱心便当"

POINT 1　即使没有常备菜也可以搞定！

制作便当时，有常备菜会比较轻松，但现实情况是不会总备有常备菜，而且有时候连制作常备菜的时间都没有。

我大多是根据冰箱里的食材来决定食谱，当天早上现场制作。多年的便当制作经验使我明白，那些食材买来常备着，总会派上用场。

[冰箱里有了它就大有帮助的食材]

下面是我经常用于制作便当的食材。另外还常备咸菜和撒在米饭上的拌饭料。

彩椒、青椒

用于主菜或副菜均可，色彩鲜艳，为搭配至宝。

西蓝花

用于主菜或副菜均可，色彩鲜艳，为搭配至宝。

培根

用于主菜或副菜均可，色彩鲜艳，为搭配至宝。

鸡蛋

可做鸡蛋卷（P42）、炒鸡蛋（P68）等，有鸡蛋的话总能应付过去。

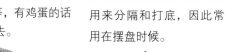

青紫苏

除了用来做菜外，还可以用来分隔和打底，因此常用在摆盘时候。

蘑菇

口蘑及蟹味菇、杏鲍菇等，主菜、副菜均可使用。

卷心菜

常用于副菜。有时也会切丝直接放入便当。

茄子

可以和肉类相配，在我的便当食谱中常会出现。也可用于炒菜等。

竹轮

很鲜且能撑起体积。也可用于主菜。

POINT 2　菜肴要在 15~20 分钟内搞定

如果每天都花很长的时间精心制作便当，坚持下来会很辛苦。
因此，我只做 15~20 分钟内就能搞定的简单菜式。
不可或缺的省时工具就是微波炉。
微波加热期间可以准备其他食材，或用燃气炉进行其他的工序，容易入
味且松软。正因为有了微波加热，才能制作出更多美味的料理。

[省时的要点]　早晨烹饪要使用微波炉和小型平底锅，尽量简化工序。有时也
会用到前一天晚饭的剩菜或简单处理过的食材。

活用微波炉

相比水煮的方式，蔬菜用微波炉加热
的话，眨眼间即可完成。煮牛肉（P16）
及肉末（P24）等用微波炉来做的话，
会更加入味。

使用小型平底锅

选用直径 18cm 左右的平底锅来制作
便当。食材的量少，小锅比较易于操作，
且能缩短加热时间。

晚饭多做一些预留出来

炸鸡（P34）及牛肉饼（P38）等，能
用于便当的菜式，我会在准备晚饭的时
候顺便多做一些，预留出便当的分量。

半成品选用简单的食材

当冰箱里什么食材都没有的时候，如果
有一些处理好的半成品的话就解决大
问题了。加调料腌好的肉、煮好的西蓝
花等，简单的食材就足够了。

POINT 3 将口味浓郁和清洁，没有调味的菜搭配到一起

制作便当时，颇为头疼的就是菜式的搭配。

我会有意识地让味道有层次感，不会让菜式偏重于一种口味，比如口味过于浓郁或过于清淡。

[口味浓郁]

生姜烧(P12)、煮牛肉(P16)等，是非常下饭且可作为主菜的菜式。

[口味柔和]

土豆沙拉、韩式拌蔬菜等，是口味柔和且爽口的菜式。

[无调味的蔬菜]

加热过的蔬菜、卷心菜丝等，根据颜色和摆盘搭配来选用。

酱油鸡（P78），用酱油腌渍好的鸡肉通过微波炉加热后，做成照烧风味。

鸡蛋卷（P42），加入甜酒、酱油和调味料，做成微甜口。

菠菜(P90)，用微波炉加热，拧干水分后装盘。

肉卷（P30），彩椒等可生食的食材是省时的要点。

韩式拌卷心菜（P28），用芝麻、油和盐、胡椒粉拌出朴素的味道。

微波加热的西蓝花（P88），体积大，还可以突出口感。

POINT 4　借力木质便当盒

最开始我选择了塑料材质的密封饭盒作为便当盒。从 10 多年前开始使用木质便当盒，它可以吸收多余的湿气，因而不会损伤食材，轻便实用。

即使再普通的菜式，装进木质便当盒也会显得更好吃，所以非常有用。

用了木质便当盒后，不管是只放了鸡蛋卷、西蓝花、炒小腊肠、煮羊栖菜等普通菜式的便当，还是米饭上就放了几片烤肉的便当，看起来都很美味。

POINT 5　不只放喜欢吃的食材

如果吃便当的人很高兴，我当然也会高兴，但是每天都做对方喜欢的菜肴是很辛苦的。我丈夫讨厌小西红柿和地瓜，但由于食材的限制，有时我也会放进去。让人不可思议的是，装进便当盒后自然而然地就能吃下去了，结果好像挑食的毛病也好了很多。

明知道丈夫不喜欢吃，但为了色彩搭配而放进便当盒的小西红柿、地瓜，当天竟然一点也没剩下，全被吃光了。

POINT 6　糟糕的日子也能应付过去

早上起床一看，冰箱里空无一物，或者累了不想做饭的日子⋯⋯

这时候的便当，外观看起来也是差强人意，自己也经常反省太偷工减料了。

发挥好的日子和发挥不好的日子，差别大也很正常！

这时候要原谅自己，即使有糟糕的日子也没关系的，可能这才是长期坚持下去的秘诀。

左图是米饭上铺满了一层常备的肉末，用煮鸡蛋和菠菜勉强摆盘的便当。右图是因为什么食材都没有了，把意大利面当成菜装进了便当。

"爱心便当" 的制作流程

从早上起床到便当制作完成所需的时间大约 30 分钟！
前一天晚上准备好所需食材，早上就可以不必慌张，轻松解决。

[前一天的晚上]

1

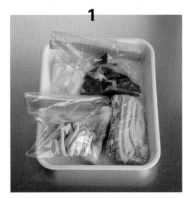

[早上]

2

确认食材后，搭配好装入保鲜袋

从冰箱里挑选出切剩的蔬菜和肉等，可用于便当的食材，搭配好后装入保鲜袋。有时间的话可以把蔬菜切好，这样早上就会更加轻松。

从冰箱里取出食材

取出前一天搭配好装入保鲜袋的食材，从中考虑菜单。有常备菜或晚饭剩下的菜也可以一起使用。

3

4

5

烹调

菜单确定后开始烹饪。用微波炉加热期间，同时使用煤气灶等，会大大提高效率！

摆盘

将便当盒里装满米饭，装菜装盘（P92）。使用木质便当盒的话，就不必等到菜凉了就可以装盘，从而缩短了时间。

拍照

摆盘完成后移至厨房的窗边，用照相机拍照留作便当的记录（P76）。

PART 1

便当的菜品款式变化是关键!

铁板烧便当

生姜烧、肉末、炸鸡、鸡蛋卷等都是
铁板烧便当的主打菜品。在这里给大
家介绍铁板烧便当的基本食谱和改变
了食材和味道的菜式翻新方法。

生姜烧便当

生姜烧是深受家人喜爱的菜式。从有一定厚度的里脊肉到涮火锅用
的薄肉片，任何类型的肉都适合做生姜烧。
薄的肉片用平底锅摊开后加热，厚的肉片用小火加调料焦熘会更入
味、更好吃，从多年的经验中我掌握了恰到好处的烹饪方法。

将海苔撕碎撒在米饭上，再放上生姜烧。
油菜纵向切成4等份，用平底锅慢慢素
烧，围绕着生姜烧来摆盘会有一种华丽的
印象。为突出口感又放了红姜。

POINT

• 为了让肉更加入味，要平整地摊开。

• 添加调料的顺序非常重要！先加酱油容易烧焦，会入味不均匀，一定要注意。

• 蔬菜要发挥出它的口感，所以要在肉熟了之后再放。

基本做法

生姜烧

[材料] 1人份

猪里脊肉 4 片

生姜末 1 小匙

甜酒 2 小匙

酱油 2 小匙

红、黄彩椒各少许

色拉油少许

1 将彩椒切丝。

2 在平底锅中倒入色拉油加热，将猪里脊肉摊平用中火煎。待肉片变色后加入彩椒。

3 依次加入生姜末、甜酒、酱油调味，煮至酱汁均匀入味，汤汁基本收干。

ARRENGE_1

微辣

咖喱生姜烧

[材料] 1人份

猪里脊肉 4 片

生姜末 1 小匙

咖喱粉少许

甜酒 2 小匙

酱油 2 小匙

洋葱少许

色拉油少许

1 洋葱竖切成 1cm 宽度。

2 在平底锅中倒入色拉油加热，用中火煎猪里脊肉和洋葱。

3 待肉变色后，依次加入生姜末、咖喱粉、甜酒、酱油调味，煮至酱汁均匀入味，汤汁基本收干。

ARRENGE_2

分量少，但浓郁的风味

酱油曲生姜烧

[材料] 1人份

猪肉块 50g

生姜末 1 小匙

甜酒 2 小匙

酱油曲（市售款）$1\frac{1}{2}$ 小匙

大葱少许

青椒 $\frac{1}{4}$ 个

色拉油少许

1 将大葱斜切成薄片，青椒切丝。

2 在平底锅中倒入色拉油烧热，用中火一边煎，一边将猪肉块划散。

3 待肉变色后加入 1，依次加入生姜末、甜酒、酱油曲调味，煮至酱汁均匀入味，汤汁基本收干。

变化多样的生姜烧便当

01

02

03

放入少量洋葱

洋葱量少、肉量较多的生姜烧，由于蔬菜不够，所以补充了盐渍黄瓜和金平风味炒牛蒡丝（P82）作为副菜。

在米饭上铺上满满一层生姜烧

用生姜烧基本覆盖住米饭的算是最初级的便当。副菜是把豆芽和口蘑用微波炉加热后，加芝麻沙拉酱做成的拌菜和水煮落葵。

用胡萝卜点缀色彩

用带甜味的胡萝卜代替洋葱，色彩感瞬间提升。副菜是韩式拌卷心菜（P28）。黄瓜沙拉用火腿卷成花朵形状。

07

08

09

放入大葱

放了大葱的生姜烧，将南瓜煮熟后碾成泥做成沙拉，点缀上黑胡椒，显得简洁有力。扁豆加芝麻一起拌，做成了清淡的口味。

放入胡萝卜和洋葱

用猪肉块、洋葱、胡萝卜做成的生姜烧，下面放了满满的一层用微波炉加热过的春包菜。又放了微波加热过的甜豆、佃煮海带。

翻新成咖喱风味

咖喱风味的生姜烧（P13），只要稍稍改变一下风味，就会让人觉得"和平常不一样啊"。副菜是金平风味炒牛蒡丝（P82）、煮西蓝花（P88）。

我尝试了很多肉的种类，比如碎肉块、涮锅用的肉、鸡肉等。
即使只改变与肉搭配的蔬菜，
如胡萝卜、大葱、青椒等，味道都会随之变化。

04

用韭菜增强体力

用猪肉和韭菜做的增强体力的生姜烧，加上常备的煮好的西蓝花（P88）和蛋黄酱拌蟹肉棒、煮鹌鹑蛋。

05

只用肉

对于只有肉的生姜烧来说，金平风味炒牛蒡丝（P82）是强有力的搭配！韩式拌卷心菜（P28）是用微波炉加热1分钟后，加入芝麻油和盐、胡椒粉拌制而成的简单的副菜。

06

蔬菜加量

将青椒、彩椒、洋葱放入生姜烧，色彩非常艳丽，所以放了十足的分量。虽然只加了用微波炉加热过的甜豆，便当的美感瞬间提升！

10

用酱油曲调味

用酱油曲做的生姜烧（P13），酱油曲味道浓郁，只需放一点点味道就很明显，更能突显甜酒柔和的甜味。副菜为煮鸡蛋（P42）、煮菜花、红薯点心。

11

用涮锅肉

涮锅用的肉很薄，所以开火之前要先在平底锅中摊开，用这种方法煎的时候肉就不会卷起来。副菜是凉拌茄子和茗荷、韩式拌卷心菜（P28）。

12

用鸡肉

用鸡肉做生姜烧时，可以用鸡腿肉或者鸡胸肉均可，切成小薄片会熟得快，容易入味。副菜是卷了菠菜的鸡蛋卷（P42）、金平风味炒牛蒡丝。

煮牛肉便当

过去用锅煮很长时间来入味。休息日的中午，用微波炉几下做出来的成品，

竟然大受孩子们的好评！

从那一天起，我家的煮牛肉都用微波炉来做。

因为没有添加多余的水分，所以食材和调味料的味道更为突出，能做出和

米饭非常搭配的浓郁的味道。

我通常会多做一些，留作常备菜。

把海苔撕碎撒在米饭上，上面放上控干汤
汁的煮牛肉，将常备的煮西蓝花（P88）
和虾米用蛋黄酱、胡椒粉一起拌，做成中
式沙拉。再加上半个煮鸡蛋（P86）和咸
菜来增添色彩。

POINT

- 因为用微波炉来烹饪，所以谁都不会失败，简单上手。
- 除了酱油、砂糖和搭配的蔬菜外，其他食材一概不加。蔬菜要发挥出它的口感
- 牛肉完全入味，所以美味满满！

基本做法

煮牛肉

［材料］1人份

牛肉 500g

酱油 4 大匙

砂糖 3 小匙

大葱 $1/4$ 根

1 牛肉切成容易吃的大小，大葱斜切成薄片。

2 将所有材料放入大号的耐热碗中，整体搅拌均匀后，轻轻覆上保鲜膜，用 600W 的微波炉加热 5 分钟。

3 仔细搅拌使其分散开，再覆上保鲜膜加热 3 分钟。

4 待牛肉完全变色后，去掉保鲜膜，再加热 2 分钟，整体搅拌均匀，去除余热。

★ 可在冰箱里保存 5 天左右。

ARRENGE_1

微辣

酱油曲煮牛肉

［材料］容易掌握的分量

牛肉 300g

砂糖 $1^1/_2$ 大匙

酱油曲（市售款）2 大匙

大葱 $1/3$ 根

红辣椒 $1/2$ 根

1 牛肉切成容易吃的大小，大葱斜切成薄片，红辣椒切成环状。

2 除了红辣椒以外的食材都放入大号的耐热碗中，整体搅拌均匀后，轻轻覆上保鲜膜，用 600W 的微波炉加热 3 分钟。

3 待牛肉完全变色后，去掉保鲜膜，再加热 2 分钟，放入红辣椒，整体搅拌均匀，去除余热。

★ 可在冰箱里保存 5 天左右。

ARRENGE_2

放了足量洋葱的牛肉饭的材料

牛肉盖饭

［材料］容易掌握的分量

碎牛肉块 500g

酱油 3 大匙

砂糖 3 大匙

洋葱 1 个

1 洋葱竖切成 1cm 宽度。

2 将所有食材放入大号的耐热碗中，整体搅拌均匀后，轻轻覆上保鲜膜，用 600W 的微波炉加热 5 分钟。

3 仔细搅拌使其分散开，再覆上保鲜膜加热 3 分钟。

4 待牛肉完全变色后，去掉保鲜膜，再加热 2 分钟，整体搅拌均匀，去除余热。

★ 可在冰箱里保存 5 天左右。

变化多样的牛肉便当

01

02

03

放入少量的洋葱

装满了放入少量洋葱的煮牛肉，卷心菜丝也放了足量，恭请品尝。还放了下饭的佃煮海带来突出配色。

用副菜来补充蔬菜

煮牛肉之外，还放了萝卜丝炒熟做成的金平风味炒菜。想要绿色的蔬菜，所以放了韩式拌卷心菜（P28）。还放了煮鸡蛋（P86）。

撒上小葱

虽然煮牛肉总是作为常备菜的，但量少的话，早上也可以做。撒上小葱，配色会很好看。副菜为彩椒和中式腌黄瓜。

07

08

09

在煮牛肉的食材里加入芝麻

下饭的煮牛肉的材料（P17）装入便当盒后撒上白芝麻，增添风味。搭配的副菜是简单的煮西蓝花（P88）和煮胡萝卜。

只用牛肉

只用牛肉做的煮牛肉，口味浓郁。我尝试了下将微波炉加热过的甜豆剥开，把里面的豆粒随意撒在上面。放入足量的嫩煎菠菜，用红色的什锦八宝菜提升色彩度。

用酱油曲来翻新花样

使用了酱油曲的煮牛肉（P17），红辣椒的辣味能增进食欲。口味浓郁，所以副菜选择了清淡口味的豆芽和炒青椒。

牛肉里放入蘑菇、洋葱、大葱等体积会增大！
牛肉本身口味浓郁，所以副菜一般搭配清爽的蔬菜。

04

放入多种副菜

装满煮牛肉和很多副菜的便当。菠菜和虾米加入盐、胡椒粉，用芝麻油炒熟，和卷了海苔的鸡蛋卷（P43）、煮鹌鹑蛋一起装进去。

05

和香菇一起

放了满满的香菇的煮牛肉。冰箱常备的胡萝卜和青椒可助力便当的色彩搭配，只要嫩煎一下即可作为副菜。

06

放上辣椒丝

只放了洋葱和金针菇的煮牛肉上，放上辣椒丝就变成了微辣口味。副菜是韩式拌卷心菜（P28）、煮芦笋搭配柠檬，非常爽口。

10

和爽口的副菜一起

煮牛肉口感浓郁，和爽口的副菜很配。芜菁用盐腌渍成淡盐口味，搭配柠檬片。用粉红色的咸菜来配色。

11

搭配蘑菇

在放了金针菇的煮牛肉之外，加了鸡蛋卷（P42）。把切成厚片的芹菜和彩椒用蛋黄酱、盐和胡椒粉一起拌，就成了别有一番风味的沙拉。

12

盖在米饭上就成了煮牛肉饭

多放了洋葱的煮牛肉（P17）。大人和小孩都喜欢在米饭上盖上满满一层来吃。副菜是绿色蔬菜、小西红柿和煮鸡蛋（P86）。

烤肉便当

无条件受欢迎的当属烤肉便当了。

只要用市面上能买到的烤肉酱就能轻松完成。

在烤肉酱里加一点蚝油和酱油等其他调味料，又会别有一番风味。肉放凉

了有时候会变硬，各种尝试之后，我发现用小火慢慢煎的话，

即使凉了也很软！

在我家，甜辣味的菜品似乎比较下饭，所以我试着在烤肉酱里加了苦椒酱。肉的下面铺满一层嫩煎青椒。肉会比较油腻，所以副菜把紫洋葱和口蘑用橙醋酱油来拌，做成清爽的口味。

- 烤肉用的肉用小火煎，这样即使凉了也会很软。
- 肉要摊开煎，两面的酱汁都要完全入味。
- 冷却期间，酱汁会继续渗透到肉里面，所以不要煎过了。

基本做法

煮猪肉

[材料]1人份

猪肉 5 片
烤肉酱（市售款）1 大匙
苦椒酱 1 小匙
青椒、红椒 各 $1/4$ 个
辣椒丝适量
色拉油少许

1 把猪肉放入保鲜袋，用烤肉酱和苦椒酱调好的酱汁加入袋中，放入冰箱腌渍一晚。

2 青椒、红椒切成细丝。

3 平底锅中倒入色拉油烧热，将 **1** 的猪肉摆在里面，用小火两面煎。加入腌肉的酱汁和 **2** 翻炒，使调味汁完全入味，放上辣椒丝。

ARRENGE_1

提升浓郁度和风味！

烤肉酱 + 蚝油

[材料]1人份

猪肉块 50g
洋葱 $1/6$ 个
烤肉酱（市售款）1 大匙
蚝油 $1/4$ 小匙
色拉油少许

1 洋葱竖切成 1cm 宽度。

2 在平底锅中倒入色拉油烧热，边放入猪肉边划散，用小火翻炒。肉变色后放入洋葱。

3 全部变色后加烤肉酱和蚝油，让酱汁入味。

ARRENGE_2

用炸猪排的肉

烤肉酱 + 甜酒 + 酱油

[材料]容易掌握的分量

炸猪排用的猪里脊肉 1 块
烤肉酱（市售款）1 大匙
甜酒 2 小匙
酱油 1 小匙
韭菜 1 根
洋葱、口蘑各少许
色拉油少许

1 在平底锅中倒入色拉油烧热，放入猪肉用小火慢慢双面煎。

2 韭菜切成 5cm 长，洋葱竖切成 1cm 宽，口蘑分开。

3 肉变色后，依次加入烤肉酱、甜酒、酱油入味。加入 **2**，用小火一起炒，蔬菜变软后关火。

变化多样的烤肉便当

01

用猪五花肉

先用平底锅把卷心菜炒熟后取出，接下来煎五花肉，用烤肉酱调味。色彩单调，所以加了红色的什锦八宝菜来突出配色。

02

用西芹做成中国风味

用烤肉酱来做碎猪肉块和西芹。西芹煮烂后，成品类似于中式风味。副菜是番茄酱炒杏鲍菇、梅子酱鲣节拌扁豆。

03

放入洋葱

和洋葱一起做的烤肉。彩椒用微波炉加热后，放入芝麻、油、盐、胡椒粉，做成韩式风味拌菜。把水芹用水焯过后放在旁边，红绿颜色对比非常好看。

07

用甜酒做成柔和的甜口

烤肉酱的味道微辣的时候，放一点甜酒会增加柔和的甜味，更下饭。胡萝卜用削皮器削成薄片，加番茄酱炒。

08

用橙醋酱油，口味清爽

和大葱、红辣椒一起炒，在烤肉酱里加一点橙醋酱油，就做成了爽口的菜肴。副菜是韩式拌卷心菜（P28）、煮鸡蛋（P86）。

09

用彩椒色彩华丽

猪五花肉加切成大块的彩椒一起炒，色彩艳丽。鸡蛋卷（P42）里卷上分量十足的鸭儿芹，就做成了余味清爽的便当。

在我家，在烤肉酱的基础上，搭配蚝油、橙醋酱油、
甜酒等其他调味料，做成口味浓郁、微辣、清爽等各种风味。

04

放入酱油，芳香扑鼻

用做生姜烧的猪肉制作而
成。在烤肉酱里加了一点酱
油，香味立刻突显。副菜是
土豆沙拉和金平风味炒胡
萝卜。

05

用牛里脊肉

将烤肉用的牛里脊小火慢煎，之
后用烤肉酱调味非常好吃。茄子
和洋葱炒成味噌风味炒菜（P48）。
再放入生菜和茗荷拌的沙拉
（P28）。

06

重视辣椒的口感

猪五花肉煎过后放入青椒一
起炒，之后把青椒取出，将
肉调味后再放入青椒，这就
是我重视青椒口感的秘法。
副菜是蘑菇沙拉。

10

用炸猪排的肉

用炸猪排的肉做成的烤肉
（P21）。和蔬菜一起用小火
慢慢煎，会更容易入味，而且
柔软。副菜是芝麻沙拉酱拌竹
轮和火腿、卷心菜丝。

11

放入葱和青椒

把牛肉和大葱、青椒一起煎，只
取出大葱后调味。有了烤制成焦
黄色的芳香扑鼻的大葱，外观很
好看，而且更促进食欲。

12

用蚝油

把碎猪肉块用烤肉酱和蚝油来
调味（P21），口味浓郁。副
菜是盐渍卷心菜和黄瓜、蟹肉
棒沙拉和高汤土豆泥。

23

肉末便当

一下子买了很多肉馅或预感到接下来几天都会很忙的时候，我一定会做大量的肉末。

这道菜也颇受孩子们的喜爱，是几乎瞬间就被吃光的人气菜品。

用微波炉来做的话，肉的香味完全浓缩在其中，非常美味！

肉末盖饭自不必说，混在鸡蛋卷里，或做成麻婆风味来翻新花样，非常方便。

有肉末的时候,我一定会做3色便当。
搭配炒鸡蛋（P68）和切成小段后嫩
煎的菠菜。另外,如果有红色的咸
菜的话,3色便当的颜色会更加艳丽,
而且口感更为突出,强烈推荐!

POINT

- 作为常备菜，可以多做一些留着备用。
- 完全不加多余的水分和油，只用砂糖和酱油来制作。
- 用勺背把肉馅压散，就能做出细腻的肉末。

基本做法

肉末

[材料] 容易掌握的分量

肉馅 300g

酱油 4 大匙

砂糖 3 小匙

1 将肉馅放入耐热碗中，加入酱油和砂糖，搅拌均匀。轻轻覆上保鲜膜，用 600W 的微波炉加热 3 分钟。

2 用勺背将变色的那部分肉压散，搅拌均匀，再次覆上保鲜膜，加热 2 分钟。

3 重复 **2** 的操作，待肉完全变色后去掉保鲜膜，再加热 2 分钟。

4 搅拌使汤汁均匀吸收，去除余热。

★ 可在冰箱里保存 5 天左右。

ARRENGE_1	ARRENGE_2

爽口的黑醋肉末

[材料] 容易掌握的分量

肉馅 300g

黑醋 1 大匙

酱油 $2^1/_2$ 大匙

砂糖 $3^1/_2$ 小匙

1 把肉馅放入耐热碗中，加入黑醋、酱油和砂糖搅拌均匀。轻轻覆上保鲜膜，用 600W 的微波炉加热 3 分钟。

2 用勺背将变色的那部分肉压散，搅拌均匀，再次覆上保鲜膜，加热 2 分钟。

3 重复 **2** 的操作，待肉完全变色后去掉保鲜膜，再加热 2 分钟。

4 搅拌使汤汁均匀吸收，去除余热。

★ 可在冰箱里保存 5 天左右。

口味浓郁的味噌肉末

[材料] 容易掌握的分量

肉馅 300g

味噌 2 大匙

砂糖 2 小匙

1 把肉馅放入耐热碗中，加入味噌、砂糖搅拌均匀。轻轻覆上保鲜膜，用 600W 的微波炉加热 3 分钟。

2 用勺背将变色的那部分肉压散，搅拌均匀，再次覆上保鲜膜，加热 2 分钟。

3 重复 **2** 的操作，待肉完全变色后去掉保鲜膜，再加热 2 分钟。

4 搅拌使汤汁均匀吸收，去除余热。

★ 可在冰箱里保存 5 天左右。

变化多样的肉末便当

01

02

03

放入烤肉

用肉末和炒鸡蛋（P68）、韩式拌青椒做成了3色便当。但是觉得肉末的量不够，所以紧急用猪里脊做了烤肉放了进去。

斜线式摆盘

米饭上铺上肉末和炒鸡蛋（P68）。斜线式摆盘后又多了一层趣味。卷心菜切丝炒熟，鲑鱼用烤鱼网烤熟。

肉量稍多的3色便当

用肉末、炒鸡蛋（P68）和韩式拌菠菜做成的3色便当。一半以上的面积用肉末覆盖。即使用同样的食材，改变一下3色的配比，印象也会随之改变。

07

08

09

黄油玉米粒大显身手

几乎没有蔬菜的早上，我在米饭上放了肉末和加了黄油后用微波炉加热的玉米粒。再摆上煮鹌鹑蛋、煮海带和野泽菜。

煮鸡蛋成为配色的重点

这一天，有煮猪肉和煮鸡蛋（P87）、煮西蓝花（P88）、煮羊栖菜（P85），肉末和常备菜都非常充实。鸡蛋的蛋黄成了配色的重点。

韭菜鸡肉末

把鸡肉用盐、酱油和颗粒状的中华汤料来调味，并加入了韭菜的增强体力型肉末便当。炒鸡蛋（P68）、煮胡萝卜和蒟蒻、鲣节拌扁豆。

在茶色、黄色、绿色这3色的基础上，根据便当盒的形状来摆盘。
最后再放上红色的咸菜和黑色的佃煮海带的话，整体会显得紧凑、美观。

04

拌入彩椒

在肉末里放入用微波炉加热过的红椒末，拌匀。小松菜切碎和小沙丁鱼加盐、胡椒炒熟后放进去，再放上胡萝卜蜜饯。

05

用蔬菜来提升绿色和红色

常备菜里备有肉末和鸡肉、火腿的日子做的便当。不够的只有蔬菜。因此，把扁豆切成细丝炒熟，彩椒用微波炉加热后，倒入海鲜沙拉酱做成了快速海鲜拌菜。

06

突出佃煮海带

在米饭上铺上满满一层肉末。副菜放了鸡蛋卷（P42）、嫩煎培根和菠菜。海带的黑色让整个摆盘显得格外紧凑。

10

放入黑醋

放了一点点黑醋做的肉末（P25）。醋有提味的效果，但也会损伤便当盒，所以推荐夏季使用。炒鸡蛋（P68）和嫩煎油菜。

11

肉量满分的便当

炸鸡和肉末是主菜。白菜盐渍后加红紫苏拌饭料做成的副菜是恰到好处的小菜。还放了色彩艳丽的红姜，让味道更富有层次。

12

改变成味噌风味

把味噌风味的鸡肉末（P25）铺满便当盒，正中央放入用烤肉酱炒过的口蘑和茄子。胡萝卜用削皮器削成薄片后盐腌制。

27

快手蔬菜菜品

韩式拌卷心菜

[材料] 卷心菜 1 片
盐、胡椒粉各少许
芝麻油少许

1. 把卷心菜切成一口大小，放入耐热容器中，轻轻覆上保鲜膜，用 600W 的微波炉加热 1 分钟。

2. 去掉多余的水分，趁热加入盐、胡椒粉、芝麻油搅拌均匀。

芝麻拌扁豆

[材料] 扁豆 5 根　水 1 大匙
Ⓐ 砂糖 $1/3$ 小匙　芝麻碎（白）
1 小匙　酱油少许

1. 扁豆去筋，切成 4cm 长。放入耐热容器中，加水，轻轻覆上保鲜膜，用 600W 的微波炉加热 1 分钟。

2. 去掉多余的水分，趁热加入Ⓐ，搅拌使之入味。

芥末拌胡萝卜

[材料] 胡萝卜 $1/5$ 根　盐少许
调味汁（佐餐凉拌型）1 小匙
芥末少许　熟芝麻（白）少许

1. 胡萝卜切成细丝，抹上盐，静置 2~3 分钟，用厨房用纸吸去水分。

2. 在碗中放入调味汁和芥末搅拌，加入 1 拌匀。最后拌入白芝麻。

煎大葱

[材料] 大葱（葱白）5cm

1. 把大葱切成长度的一半，放入平底锅中，不要翻动，用小火慢慢煎。

2. 呈现焦黄色后翻面，用同样的方法煎制。确认熟了之后取出。

蒸茄子

[材料] 茄子 $1/2$ 根　茗荷 $1/2$ 个
芝麻油 $1/3$ 小匙　盐少许

1. 茄子纵向切片，茗荷斜切成薄片。

2. 把茄子放入耐热容器中，加芝麻油和盐搅拌，用 600W 的微波炉加热 1 分钟。去除余热，放入茗荷拌匀。

生菜和茗荷沙拉

[材料] 生菜 1 片　茗荷 $1/3$ 个

1. 生菜切丝，茗荷切成薄片。

2. 把生菜和茗荷混合拌匀。

介绍拌菜和炒菜等简单的副菜。

这些都是短时间内可以完成的菜品，缺一样菜的时候就派上用场了。

凉拌小松菜

小松菜 2 棵

调味汁（佐餐凉拌型）少许

1 把小松菜对半切，放入耐热容器中，轻轻覆上保鲜膜，用 600W 的微波炉加热 1 分钟。

2 去掉多余的水分，过凉水后，用手挤干水分，切成容易吃的长度。淋上调味汁。

豆芽炒油炸豆腐

油炸豆腐 $1/3$ 片　豆芽 30g

盐、胡椒粉各少许

酱油 $1/3$ 小匙　色拉油少许

1 油炸豆腐切成 1cm 宽，在倒入色拉油烧热的平底锅中用中火翻炒。放入豆芽，加盐、胡椒粉。

2 豆芽熟了之后，淋上酱油，散发出香味后关火。我喜欢辣口的，所以会放上一点儿七味辣椒粉。

德国风味土豆

马铃薯 $1/2$ 个　水 1 大匙
培根 1 片　毛豆（煮熟后把豆粒从豆荚中剥出来）5 粒盐、胡椒粉各少许　色拉油少许

1 马铃薯切成 1cm 宽，和水一起放入耐热容器中，轻轻覆上保鲜膜，用 600W 的微波炉加热 3 分钟。

2 平底锅倒入色拉油烧热，放入 **1** 和切成一口大小的培根，用中火炒。加入盐、胡椒粉，关火，拌入毛豆。

梅子酱拍黄瓜

黄瓜 $1/3$ 个　盐适量

梅干少许

1 黄瓜涂满盐，用双手使劲搓。用擀面杖轻轻敲击之后放置 5 分钟，洗掉盐分，用厨房用纸擦掉水分。

2 把 **1** 掰成容易吃的大小，放入碗中，加入去核切碎的梅干拌匀。

蛋黄酱拌油菜

油菜 2~3 片　Ⓐ盐、胡椒粉各少许　蛋黄酱 1 小匙

1 油菜洗净后用保鲜膜轻轻包裹，用 600W 的微波炉加热 40 秒。用厨房用纸擦去多余的水分，去除余热。

2 将 **1** 切成容易吃的大小，用 Ⓐ 搅拌。

橙醋酱油拌水芹和蟹肉棒

油炸豆腐 $1/2$ 片　水芹菜少许
蟹肉风味鱼糕 1 根
橙醋酱油 1 小匙

1 将油炸豆腐用烤箱烤 1~2 分钟，切成一口能吃下的大小。水芹菜切成 3cm 长，蟹肉棒切成一口大小。

2 将 **1** 搅拌，再放入橙醋酱油搅拌。

肉卷便当

如果冰箱里有少量的蔬菜和切成薄片的肉的话，我的首选就是做成肉卷。
只要用肉片卷上根菜、青椒、芦笋、蘑菇等，就能做出非常好看的便当。
有时候也会卷小腊肠，这样肉和肉的组合，作为体积大的菜肴来吃好像也
完全没有问题。

把杏鲍菇和彩椒用牛肉卷好，微波
加热后，在平底锅中加入调味汁调
味。杏鲍菇和彩椒特别容易熟，所
以可以生着卷，非常方便。切口也
非常漂亮，有种华丽感。再放上煮
西蓝花（P88）、煮鸡蛋（P86）。

POINT

- 里面要卷特别容易熟的蔬菜、加热过的食材，或者半成品。
- 用微波炉加热后，再用平底锅焦熘入味会缩短时间！
- 要确认肉卷的里面也完全熟透。

基本做法

肉卷

[材料]1人份

牛肉薄片 2 片

杏鲍菇 1 根

彩椒（红）$\frac{1}{4}$ 个

酒 2 小匙

砂糖 1 小匙

酱油 1 小匙

调味汁少许

1 杏鲍菇纵向切成两半，彩椒切成 1cm 宽。

2 摊开一片牛肉薄片，把一半分量的杏鲍菇和彩椒放在手边，卷紧。用同样的方法做第二个肉卷。

3 在耐热容器中摆好 **2**，轻轻覆上保鲜膜，用 600W 的微波炉加热 2 分钟。

4 在平底锅中放入 **3**，放入酒、砂糖、酱油，将火候调至较弱的中火，待肉卷出现光泽后淋上调味汁入味。装盘时，切成一半的长度。

ARRENGE_1

略偏大人的口味

用小青辣椒做的猪肉卷

[材料]1人份

猪肉薄片 4 片　小青辣椒 4 根

橙醋酱油 2 小匙　甜酒 1 小匙

葱白丝（大葱的葱白部分切丝）少许

1 将猪肉薄片摊开，放入小青辣椒卷紧，做 4 根。

2 在耐热容器中摆好 **1**，轻轻覆上保鲜膜，用 600W 的微波炉加热 2 分钟。

3 在平底锅中放入 **2**，放入橙醋酱油和甜酒，将火候调至较弱的中火，加入调味汁煮至完全入味。放入葱白丝。

ARRENGE_2

和平常不同的吃法

猪肉卷生姜烧

[材料]1人份

猪肉薄片 4 片　扁豆 8 根

生姜末少许　甜酒 1 大匙

酱油 2 小匙

1 扁豆去筋，煮熟。

2 摊开 2 片猪肉薄片，放上 4 根扁豆，卷紧。用同样的方法做另一根。

3 在耐热容器中摆好 **2**，轻轻覆上保鲜膜，用 600W 的微波炉加热 2 分钟。

4 在平底锅中放入 **3**，放入生姜末、甜酒、酱油，煮至汤汁基本收干。装盘时，切成一半的长度。

变化多样的肉卷便当

01

02

03

卷胡萝卜

把煮过的胡萝卜用牛肉卷好，之后用烤肉酱来调味，斜切摆盘。副菜做了用火腿卷的鸡蛋沙拉，又切了芥菜放了进去。

卷山芋鱼饼

将山芋鱼饼用猪五花肉卷起来，做成照烧风味。在炸鱼饼和煮胡萝卜里放入菠菜，稍微煮一下，再放入煮甜豆。

卷小腊肠

番茄风味小腊肠肉卷。其中一个用紫苏叶卷。在炒好的魔芋丝里放入肉末调味作为副菜，蚕豆煮熟剥皮，和海苔鸡蛋卷（P43）一起放进去。

07

08

09

卷青椒

用猪五花肉卷红、绿青椒，做成番茄风味炒菜。关火后加番茄酱焦熘就不会崩开，利用余热就足够入味了。副菜是鸡蛋卷（P42）、炒小腊肠。

卷小青辣椒

把小青辣椒用肉卷起来，就变成了大人喜爱的便当菜肴。作为配菜，我放了蒜蓉酱口味的炒茄子、青椒和洋葱。

卷芦笋

把芦笋用牛肉卷紧，微波加热后放砂糖、酱油和酒做成甜辣口味。副菜是南瓜煮熟后碾成泥做的沙拉、大葱拌叉烧。

改变里面卷的蔬菜，或者换一种肉，改变一下调味，
花样翻新，自由自在！
当里面卷了颜色漂亮的蔬菜时，装盘时要把切面露在外面。

04

卷扁豆

如果有猪肉薄片，我会想做成生姜烧，但又一想卷扁豆的话也很有意思，于是就做了这款便当（P31）。副菜是烤明太鱼子、茗荷拌竹轮。

05

卷蘑菇

把切成略厚片的猪里脊肉用盐腌过后，卷上金针菇，用微波炉加热2分钟。放上柠檬，做成了爽口的便当。副菜是番茄酱炒蔬菜和小腊肠。

06

卷3种蔬菜

把茄子、青椒、红色彩椒用猪肉卷好，微波加热后，用烤肉酱调味。3种蔬菜的切面非常艳丽。副菜是煮的炸鱼饼和芝麻拌扁豆。

10

卷舞茸

把舞茸用猪肉卷好，在平底锅中慢慢煎，肉汁会渗进舞茸里面，非常好吃。副菜搭配了西芹彩椒沙拉、鸡蛋卷（P42）。

11

卷南瓜

用微波炉加热好的南瓜用猪五花肉卷好，再次用微波炉加热，使之完全熟透的连续操作技法。用烤肉酱调味。再放入嫩煎菠菜、木须肉末。

12

用蟹肉棒和小腊肠来做

把2根蟹肉棒并排摆在一起，用薄猪肉片卷紧。另一个卷上小腊肠，各切成一半的长度装盘。两种都属于半成品，所以很快就能做好。

33

炸鸡便当

在我家，最受欢迎的菜就是炸鸡块。

做炸鸡块的时候，我会买大量的鸡肉，晚饭用、第二天早上做便当用、冷冻保存等。

虽然直接装进便当盒也有足够的存在感，但用烤肉酱调一下味，或者用鸡蛋裹一下做成另类的亲子盖饭。

花样翻新上也随心所欲，所以是可以奉为至宝的菜式。

在炸鸡块中间挤一点蛋黄酱，这样的话，就算放入 4~5 块炸鸡，味道也会有所变化，不会吃腻。摆盘上搭配了金平风味炒竹笋、腌黄瓜和生姜丝，兼顾了辛辣口和清爽的口味。

POINT

- 鸡肉切成同样的大小，提前腌渍入味。
- 面衣不要裹得太厚。
  如果放入鸡蛋和面包粉的话，即使时间长了肉质也很软！
- 大量制作的时候，调味可以简单些，便于以后的花样翻新。

基本做法

炸鸡块

[材料] 容易掌握的分量

鸡胸肉 2 片 酱油 2 大匙 芝麻油 2 大匙
淀粉适量 炸鸡用的油

1 鸡肉切成容易吃的大小，放入碗中，加酱油、芝麻油充分搅拌。肉完全入味后，抹上一层薄薄的淀粉。

2 用 170℃的油炸至金黄色。

★ 可在冰箱里保存 5 天左右。

改变一下面衣就会变得酥脆松软！

松软的炸鸡块

[材料] 容易掌握的分量

鸡胸肉 3 片　　　　　　鸡蛋 1 个

A | 酱油 3 大匙　　　B | 水 150ml
　| 芝麻油 2 大匙　　　| 淀粉、薄力粉（低筋面粉）、面包粉 各
　| 蒜末 1 小匙　　　　| 3 大匙 炸鸡用的油

1 把鸡蛋打散加水，加入剩下的 B 一起搅拌，放置 20 分钟左右。

2 鸡肉切成容易吃的大小，放入碗中，加 A 搅拌均匀。入味后放入 **1** 的面衣里蘸一下，之后用 170℃的热油炸至金黄色。

★ 可在冰箱里保存 1 个月左右。

ARRENGE_1

只要调一下味就成了中华风味

大葱芝麻油炸鸡块

[材料] 1 人份

炸鸡块（炸好的）5 个
大葱 2cm 芝麻油 1 小匙
盐、 胡椒粉各少许

大葱切成碎末。在容器里放入芝麻油、盐、胡椒粉来拌大葱，然后加入炸鸡整体入味。

ARRENGE_2

饭不停口的

超辣蛋黄酱炸鸡块

[材料] 1 人份

炸鸡块（炸好的）5 个
红、黄彩椒各 $1/10$ 个
A 蛋黄酱 2 小匙 酱油 $1/2$ 小匙 苦椒酱 $1/4$ 小匙
辣油少许 盐 、胡椒各少许

1 彩椒随意切成容易吃的大小，放入耐热容器中，轻轻覆上保鲜膜，用 600W 的微波炉加热 1 分钟。

2 在容器中放入 A 拌匀，再放入炸鸡块和 **1** 的彩椒整体入味。

VARIATION

变化多样的炸鸡便当

01

02

03

油炸凉拌风味

将炸好的鸡肉，用芝麻油、醋、调味汁、水混合搅拌后，又加了大葱、白芝麻调成的汤汁浸一下，就成了油炸凉拌风味。炸鸡下面铺了满满一层卷心菜，再放上鸡蛋卷（P42）。

蒜蓉风味

增进食欲的蒜蓉风味炸鸡。用红黄彩椒和青椒做成3色韩式拌菜，西芹切丝做成凉拌沙拉风味。

放入柠檬

把柠檬切成薄片放到炸鸡块的中间。秋葵用微波炉加热后，用橙醋酱油调味，再放上煮鹌鹑蛋。

07

08

09

使用碎肉块

用碎猪肉块做成的炸肉块。猪肉腌渍后轻轻揉成团，薄薄地裹上一层淀粉之后油炸。肉质酥脆，非常好吃。副菜是鸡蛋卷（P42）、炒卷心菜。

换一种面衣，变得松软

用加了鸡蛋等的面衣，炸出来的鸡块会很松软（P35）。竹轮和茗荷用橙醋酱油和蛋黄酱拌，茄子和彩椒炒成味噌风味（P48）。

超辣蛋黄酱拌炸鸡块

把蛋黄酱、苦椒酱、辣椒油和酱油混合调成酱汁，和加热过的彩椒一起拌炸鸡块（P35）。再放上煮菠菜。

用调味汁来调味，或用碎肉块做，
各种花样翻新乐此不疲的炸鸡块。

04

用大葱和芝麻油调味

用芝麻油和大葱、盐、胡椒粉混合调成酱汁后，给炸鸡调味（P35）。卷心菜和红薯分别用微波炉加热，卷心菜用盐、海带来拌，红薯做成蛋黄酱沙拉。

05

番茄甜醋勾芡

把煮好的胡萝卜和炸鸡块用番茄甜醋勾芡入味。这道菜味道比较浓郁，所以加了足量的生菜和煮秋葵，生菜的间隙里还偷偷抹了蛋黄酱。

06

用照烧酱

将炸鸡块用照烧酱调味，再用蛋黄酱画出细线。为了让家人吃一些青菜，下面铺了水芹菜。再放上煮鸡蛋（P86）。

10

肉里面拌进青紫苏

将腌渍好的碎猪肉块和青紫苏丝一起拌，轻轻揉成团后油炸。青椒慢慢素烧就会出来甜味。正中央放了鸡蛋卷（P42）。

11

把鸡胸肉用甜醋勾芡

用鸡胸肉做的炸鸡块。用蚝油和番茄酱调成酸甜的芡汁，放入黑白芝麻，给炸鸡块调味。副菜是炒鸡蛋、豆芽炒青椒。

12

和蔬菜一起做成木须风味

取 1~2 个炸鸡块切成两半，和煮好的西蓝花（P88）、煮好的芦笋一起，做成木须风味。放入常备菜的金平风味炒牛蒡丝（P82）就大功告成。

37

牛肉饼便当

大人、小孩都喜欢的人气菜品牛肉饼。

考虑到做便当能用上，所以购买了大量的肉馅，没想到当天就做出了很多。

有一次，寒冷的冬日里吃了牛肉饼便当，对那个硬度简直无语了！

那时才知道气温低的话，肉质会变硬。从那以后，为了冬天吃起来也非常

柔软，我都会多放一些增加黏性的食材。

这是用调味汁调味，充分入味的牛肉饼。在牛肉饼的调味汁中放入蘑菇和蔬菜一起调味，就会有一种多了一个菜品的满足感。副菜是经典搭配的胡萝卜蜜饯和通心粉沙拉。

POINT

- 便当用的牛肉饼要选择稍微柔软的肉质。
- 为了吃起来方便，造型时肉饼尽量不要过厚。
- 要确认完全熟透，析出透明的汤汁且很有弹力。

基本做法
牛肉饼

[材料] 容易掌握的分量

牛肉、猪肉混合的肉馅 500g

洋葱 $1/2$ 个 鸡蛋 1 个

面包粉 1 杯 牛奶 200mL

盐、胡椒粉各少许 色拉油 1 小匙

1 把牛奶和面包粉混合搅匀。

2 洋葱切成碎末，放入耐热容器中，加色拉油搅拌，轻轻覆上保鲜膜，用 600W 的微波炉加热 2 分钟。去掉保鲜膜，去除余热。

3 碗里放入肉馅，加盐、胡椒粉，打入鸡蛋，拌匀，放入 **1** 和 **2** 继续搅拌。

4 平底锅中放一点油（菜谱分量之外），煎至焦黄色时翻面。盖上锅盖，小火焖煎，待析出透明汤汁后关火。

★ 可冷冻保存 1 个月左右。

加了蘑菇的酱汁

[材料] 牛肉饼 1 个 口蘑 10g
番茄酱 1 大匙
中等浓度调味汁 1 小匙
酒 1 大匙 色拉油少许

1 将口蘑分开，放入用色拉油烧热了的小号平底锅中，用中火炒。

2 改成小火，加入番茄酱和调味汁、酒搅拌，放入煎好的牛肉饼，充分吸收汤汁入味。

ARRENGE_1

豆腐牛肉饼

[材料] 容易掌握的分量

牛肉、猪肉混合的肉馅 300g

绢豆腐 $1/2$ 块 鸡蛋 1 个

盐、胡椒粉各少许 色拉油少许

1 豆腐用打泡器打散。

2 把肉馅放入碗中，加入盐、胡椒粉，打入鸡蛋，拌匀，放入 **1** 继续搅拌。

3 在平底锅中倒入色拉油，把 **2** 捏成椭圆形摆放至锅中。用中火煎至焦黄色时翻面。盖上锅盖，小火焖煎，待析出透明汤汁后关火。

★ 可冷冻保存 1 个月左右。

ARRENGE_2

放了茄子的牛肉饼

[材料] 容易掌握的分量

牛肉、猪肉混合的肉馅 300g

茄子 1 根 鸡蛋 1 个

盐、胡椒粉各少许 色拉油适量

1 茄子切成 1.5cm 宽度的有棱角的骰子形状。平底锅里放少许油，用小火将茄子炒至熟，去除余热。

2 把肉馅放入碗中，加入盐、胡椒粉，打入鸡蛋，拌匀，放入 **1** 搅拌均匀。

3 在平底锅中倒入色拉油，把 **2** 捏成椭圆形摆放至锅中。用中火煎至焦黄色时翻面。盖上锅盖，小火焖煎，待析出透明汤汁后关火。

★ 可冷冻保存 1 个月左右。

变化多样的牛肉饼便当

01
用蘑菇汤汁入味

用调味汁（P39）入味的牛肉饼。意大利面和用削皮器削成薄片的胡萝卜一起炒。扁豆煮熟，下面挤了蛋黄酱。

02
盖上一片奶酪

把前一天移到冷藏里解冻的牛肉饼，加入番茄酱和中等浓度的调味汁搅拌淋上，用微波炉加热2分钟，再放上一片奶酪。副菜是韩式拌卷心菜和蘑菇。

03
肉馅里放入茄子

放了茄子的牛肉饼（P39）。煮鸡蛋（P86）的时候用甜酒和酱油煮了甜口胡萝卜。煮鸡蛋切成大块，和毛豆粒一起做成沙拉。

07
藕片牛肉饼

把莲藕小块和碎末拌在肉馅里，外侧贴上藕片。清脆、柔软的口感令人愉快。再放上海苔鸡蛋卷（P43）等。

08
炖牛肉饼

炖牛肉饼在解冻后会更加入味，所以推荐大量制作冷冻起来。副菜是肉丝莲藕和煮芦笋。

09
用放了彩椒的调味汁

为了转换心情，我试着在牛肉饼的调味汁里加入彩椒片。彩椒炒过后放入汤汁中，再放上金枪鱼和通心粉沙拉。

改变调味汁的口味，或者放上荷包蛋和奶酪，
只花一点点工夫就能拓展食谱的范畴。
把茄子和豆芽、卷心菜等蔬菜拌进肉馅里，就会别有一番风味。

04

放入足量的卷心菜

牛肉饼里不放洋葱，而是
放入了很多生的卷心菜丝
一起拌。副菜是嫩煎蘑菇、
煮甜豆和芦笋。

05

用豆腐让肉饼松软

豆腐牛肉饼（P39）即使没有面包
粉和牛奶也能做，非常松软而且
好吃。菜花嫩煎，卷心菜用油拌
了一下。

06

放上荷包蛋

放上荷包蛋，就有了一种夏
威夷风情。装进便当的话，
半熟是失败的，荷包蛋一定
要全熟。再放入那不勒斯式
面条，就特别像儿童套餐了。

10

用番茄汁入味

用了很多番茄，做成了新鲜
的番茄酱调味汁，放入牛肉
饼，稍微煮一下入味。茄
子和青椒用甜酒和酱油炒
了一下。

11

用豆芽，体积满分

放很多的生豆芽在肉馅里，体积
会撑大。做成了照烧风味，所以
吃起来有炸肉丸的味道。再放上
芝麻油炒空心菜、煮鸡蛋（P86）。

12

使用豆浆和豆渣

代替牛奶和面包粉，把豆浆
和豆渣放入牛肉饼里。多放
一些洋葱，来提升甜味和顺
滑度。再放上橙醋酱油拌黄
瓜和乌贼丝、嫩煎蘑菇。

鸡蛋卷便当

家人都说在便当菜肴里最喜欢的就是"鸡蛋卷",虽然有点大言不惭,但我的手艺可是相当厉害的了。

感觉只要放了鸡蛋卷,哪怕只放上简单的副菜,便当就会不可思议地变得高大上起来。

蛋液里拌入红色和绿色的蔬菜,或卷上海苔等,加一点花样翻新,外观也会随之改变,令人愉悦。

放了作为常备菜的煮羊栖菜(P85)、炒小腊肠、煮西蓝花(P88),还有常吃的鸡蛋卷的便当。尽管都是些平常的菜式,鸡蛋卷却挑大梁成了主角,让人有种安心感的和风便当。

- 快速地把蛋液划散，这样做的话，鸡蛋卷即使凉了也会很软。

- 蛋液不要分次倒入，而是一次性倒入、卷起，类似于煎蛋卷的做法。

- 利用余热让鸡蛋卷完全熟透，确认紧致而有弹力。

基本做法　　　　[材料] 容易掌握的分量

牛肉饼

鸡蛋 2 个　甜酒 2 小匙　酱油（或者调味汁）少许　色拉油 少许

图 1 和图 2 把鸡蛋打到碗里，加甜酒和酱油搅拌。在煎鸡蛋卷专用的平底锅里倒入色拉油烧热，用筷子点几滴蛋液确认锅已经热了（能滋啦一下弹起来就可以了），将蛋液一口气倒进去。

用筷子将所有蛋液划散，使其厚度均匀。没熟的部分用筷子推一下，使其受热均匀。

8 成左右的蛋液都已经熟了的时候改小火，卷至靠内侧 $\frac{1}{3}$ 处。

和 4 同样，再卷 2 次。

卷完后翻面，关火。放凉。利用余热让蛋卷全熟。紧致而有弹力就可以了。

ARRENGE_1

提升香味

虾米鸡蛋卷

[材料] 容易掌握的分量

鸡蛋 2 个　甜酒 2 小匙
酱油（或者调味汁）少许
虾米 10g　色拉油少许

把鸡蛋在碗里打散，加甜酒和酱油、虾米搅匀。做法同上。

ARRENGE_2

卷出漂亮的旋涡

海苔鸡蛋卷

[材料] 容易掌握的分量

鸡蛋 2 个　甜酒 2 小匙　酱油（或者调味汁）少许　海苔（整张）1 张　色拉油少许

将海苔剪成比平底锅略小一点。

和上面的图 1~3 同样，8 成熟左右调成小火，盖上海苔。

和上面的图 4~6 同样的做法来煎。

★凉了的话，水分会转移到海苔上，会变软，所以要趁着还温的时候切。

43

变化多样的鸡蛋卷便当

01

卷海苔

最近，卷了海苔的鸡蛋卷（P43）是我家便当菜式中的基本款。"の"字形很可爱，成了最引人注目的菜式。副菜是金平风味炒牛蒡丝（P82）、嫩煎菠菜和培根。

02

卷绿海苔

卷了绿色海苔的鸡蛋卷。采用和海苔鸡蛋卷（P43）同样的方法，在要卷之前，铺上整张绿海苔来卷。其他的菜是照烧鸡、嫩煎油菜。

03

卷竹轮

鸡蛋里卷了竹轮的创新型鸡蛋卷。感觉鱼糕里可以卷上点什么啊。和麻婆茄子、青椒、煮西蓝花（P88）一起装盒。

07

拌入小葱

把切碎的小葱拌入蛋液里来煎。葱的味道可以促进食欲，而且能呈现出绿色。再放上豆腐和鸡肉馅做的炒豆腐、辣油拌竹笋。

08

鲣节高汤鸡蛋卷

加了足量的鲣节高汤做成的鸡蛋卷是奢侈的美味。沥出汤汁的鲣节做成了佃煮。副菜是肉末沙司拌小腊肠和西蓝花、芝麻油拌白菜。

09

拌入虾米

在蛋液里放入足量的虾米搅匀，做成了漂亮的樱花色鸡蛋卷（P43）。和煮牛肉（P16）、蔬菜炒蘑菇、土豆和水芹沙拉一起装盒，色彩纷呈。

把多出的蔬菜、剩的菜等拌入蛋液里，
味道和色彩的变化就会层出不穷。
在 8 成熟的鸡蛋上面放上各种食材来卷，切面也赏心悦目。

04

卷鱼肉肠

卷了鱼肉肠的煎蛋卷风味的鸡蛋卷。那天没有肉和半成品才出此下策，却好像颇受孩子们的欢迎。再放上奶汁烤菜、用微波炉蒸的卷心菜。

05

卷蟹肉棒

卷了蟹肉棒的鸡蛋卷。卷的东西又细又小的时候，可以把蛋液摊得薄薄的，一边轻轻滚动一边卷，谁都可以做得很好。再放上金平风味炒菜等。

06

卷菠菜

卷了煮好的菠菜。能做出圆形是为了配合上面放的菠菜的形状，一边滚动一边卷制而成。副菜是炸鸡块、奶酪小腊肠、炸饺子。

10

拌入炒羊栖菜

因为用芝麻油、酱油和砂糖炒的羊栖菜有剩的，所以把足量的羊栖菜拌入蛋液里做成了鸡蛋卷。副菜是小腊肠、煮西蓝花（P88）和煎明太鱼子。

11

拌入青豆

把冷冻的青豆拌入蛋液中。水滴形状非常可爱，有种完全不输给牛肉饼的存在感。好像也深受非常小的孩子喜爱。副菜是嫩煎新洋葱和青椒。

12

培根卷鸡蛋

把鸡蛋卷用培根卷起来。在切鸡蛋卷之前用培根卷起来，用平底锅稍微煎一下，培根的香味就会转移到蛋卷上，非常好吃。副菜是炒小松菜和竹轮等。

45

便当盒的选用

木质便当盒可以吸收水分，让人感觉米饭更好吃，而且不必等菜凉了就可以装盘，也是其魅力之一。一点点购买、收集，突然发现我家已经有了近20个木质便当盒。椭圆形、圆形等，形状和大小、产地等各不相同，便当盒也会有微妙的区别，这才是匠人们手工制作的可爱之处。木质便当盒晾干需要时间，所以不能连续两天使用同一个便当盒，具体用哪个，则根据当天的心情来选择变换。

新买来的便当盒在开始使用前，要在热水里浸泡30分钟~1小时，以去除木头的涩味。在装盘之前过一下热水，油脂就不会渗进去了。边缘部分容易积攒污垢，使便当盒发黑，所以我都会垫上分隔用纸杯后装盘（P93）。不用洗涤剂而用温水来清洗，之后充分晾干。用习惯之后处理起来就不会觉得困难，感觉越用越能激发出美味，令人愉悦。以后我也会长期地用下去。

从左上角开始顺时针方向依次为独特的栗子形、偏瘦的椭圆形、擦漆的颜色稳重的便当盒、最好用的椭圆形、涂了漆的大气稳重感的桧木制便当盒、有深度的容量大的圆形。

洗净后擦干水分，放在通风处晾干。把便当盒朝外，像笊篱一样立起来，就能够均匀地晾干了。

PART 2

食材决定一切!

不同食材的便当

多年坚持做便当，让我明白买了这个食材一定能用得上，或者想偷懒的时候这样烹饪就能应付过去，逐渐形成了自己独特的一套规则。在这里，我将按照肉类、鱼类、蔬菜等不同的食材类别，向大家介绍我常做的菜式以及烹饪方法、当食材不够或没有时间的时候会派上用场的便当制作技巧。

MEAT ▶ | 肉 |
味噌炒肉便当

冰箱里只剩下一点点的肉，或者只有培根和小腊肠……
这个时候，我就会把茄子和洋葱等剩下的蔬菜，
放入平底锅中做成味噌风味炒菜！
味噌的香气可以促进食欲，这样就做好了一个下饭菜。
有时候会只用蔬菜来做，也是没有问题的。

和味噌搭配的蔬菜，我多选用茄子和青椒。基本上味噌炒菜的味道比较浓郁，所以副菜通常选择简单的金平风味炒胡萝卜和微波加热过的油菜。

基本做法

味噌炒肉

[材料] 1 人份

猪肉 20g
茄子 ¹/₂ 根
青椒 ¹/₂ 个

味噌 2 小匙
Ⓐ 甜酒 1 大匙
酱油少许
色拉油少许

1 将猪肉切成容易吃的大小，茄子和青椒随意切成块状。

2 在平底锅中倒入色拉油烧热，放入猪肉用中火炒。

3 猪肉变色后，放入茄子和青椒一起炒。放入Ⓐ翻炒让酱汁完全入味，直至肉块呈现出光泽。

VARIATION

01

02

03

搭配培根和蔬菜

培根等半成品也经常用来做味噌炒菜。茄子和彩椒一起炒。副菜是煮菠菜和用自制的鲣节高汤拌饭料（P85）拌的煮秋葵。

卷心菜分量十足

放了猪肉和足量春天的卷心菜的味噌炒菜。春天的卷心菜柔软而且甜，非常推荐。副菜是煮西蓝花（P88）和细细的紫萝卜泡菜。

搭配加热过的扁豆

和加热过的扁豆一起拌的只有猪肉的味噌炒菜。趁热拌，更容易入味而且好吃。再放上迷你牛肉饼、用油炸豆腐卷焯过的小松菜和蟹肉棒，并放进烤箱里烤了一下。

炸猪排便当

前一天晚上做炸猪排或炸鸡的时候，我一定会多做一些留作便当用。这样就不用担心第二天的便当了，心情也变得放松。装盒的时候，工序也不会复杂。虽然只是浇上调味汁，或者和鸡蛋一起煎，但只要有了炸肉排就显得很豪华，深受喜爱，做的人也感到无比骄傲。

在盒子里倒入一层调味汁，放上炸肉排，只让下面完全接触酱汁。切成容易吃的大小，放在海苔段段（P71）的米饭上面。再放上鸡蛋沙拉和小西红柿、卷心菜丝，就做成了非常可口的炸猪排便当。

基本做法

炸猪排便当

[材料] 容易掌握的分量

炸猪排用的猪里脊肉 4 片

盐、胡椒粉各少许

鸡蛋 1 个

低筋面粉、面包粉各适量

炸肉用的油

1 在猪肉里放入盐、胡椒粉。鸡蛋在盆里打散，低筋面粉和面包粉分别放入盆里搅匀。

2 将猪肉片抹上低筋面粉，抖落多余的面粉。蘸一下蛋液，再整个裹上面包粉，将多余的面粉抖落。

3 用加热到 170℃的油炸至酥脆的金黄色。

★ 冷藏可保存 1 天，冷冻保存 1 个月。

VARIATION

| 01 | 02 | 03 |

用鸡肉做成炸鸡排便当

把炸鸡排放在米饭上，淋上酱汁。再放一点日本芥末，味道的变化更让人欣喜。副菜是煮西蓝花（P88）。卷心菜丝里加了紫色的卷心菜，色彩斑斓。

把碎猪肉块做成炸猪排

把碎猪肉块放入保鲜袋中，从保鲜袋的上方轻轻抻一下，再裹上面衣做成了炸猪排（见下文）。那是柔软且别有风味的一种味道。再放上嫩煎小松菜、爱吃的绿色蔬菜。

用煎鸡蛋做成"木须猪排"便当

在小号的平底锅里放入少许口蘑和炸猪排，加调味汁稍煮一会儿，取 1 个鸡蛋打散，淋在上面。下面放上满满的炒卷心菜，这样蔬菜的摄取也足够了。

用碎猪肉块作炸猪排的材料（容易掌握的分量）和做法

把 50g 碎猪肉块放入保鲜袋中，摊开抻平，剪破袋子取出，调整好形状，撒上盐、胡椒粉各少许。取鸡蛋 1 个、水 1 大匙、低筋面粉 2 大匙调成面衣，将整个肉块裹上面衣，蘸上适量的面包粉。在平底锅里倒入 1cm 深的油，加热至 170℃，炸至两面都呈现金黄色。

香肠便当

RECIPE
23

如果冰箱里有培根、火腿、小腊肠的话，就解决大问题了。

只要用培根卷上金针菇或者芦笋等蔬菜，就完成了一款非常有存在感的菜品！用切成厚片的火腿做成意大利酥仔火腿，或者放小腊肠和蔬菜等一起炒。即使没有肉类，稍下功夫也能做出满分的菜式。

芦笋培根卷便当

[材料] 1人份

绿色芦笋 2 根

培根 2 片

1 芦笋切成一半的长度，1 片培根里卷 2 根，用牙签固定。再做另一个同样的。

2 放入耐热容器中，轻轻覆上保鲜膜，用 600W 的微波炉加热 1 分 30 秒。切成容易吃的大小，去掉牙签。

VARIATION

试着把培根切成大块。副菜是地瓜和杏仁沙拉、鸡蛋卷（F42）。

培根菠菜便当

[材料] 1人份

培根 2 片　菠菜 1 根　青椒 ¼ 个

盐、胡椒粉各少许　色拉油少许

1 培根切成 3cm 宽，菠菜切成 4cm 长，青椒切成细丝。

2 在平底锅里倒入色拉油烧热，用中火炒一下培根。

3 放入菠菜和青椒，加盐、胡椒粉，炒至全熟。

火腿用蛋衣裹一下，体积就会增大。火腿本身味道就比较浓郁，所以不需要再加调料。再放上小腊肠、牛肉沙司斜切短通心粉、煮西蓝花（P88）。

小腊肠不仅可以直接用，切成细条后外观和口感都会发生变化。我试了一下和辣椒一起炒，做成了青椒肉丝风味。

RECIPE
25

RECIPE
26

意大利酥仔火腿便当

[材料]1人份

火腿（切成厚片）1片
鸡蛋1个 色拉油少许

1 将鸡蛋在碗里打散。

2 在平底锅中倒入色拉油烧热，改中火，在靠近身体一侧的锅中倒入一半的蛋液，摊成比火腿稍大一圈的大小，放上火腿，轻轻包裹，让蛋液贴住火腿的侧面。

3 在平底锅的另一侧倒入剩下的蛋液，摊成同样大小，将 2 的火腿翻面放上去。

4 调整蛋液，使其整个包裹住火腿，待鸡蛋熟了之后取出，切成容易吃的大小。

VARIATION

煎了切成厚片的火腿，大胆地放了上去。煮南瓜也用平底锅煎过后，用烤肉酱调味。还搭配了蒟蒻和炸豆腐丸子、煮扁豆。

青椒肉丝风味炒小腊肠便当

[材料]1人份

小腊肠 2 根 青椒 1 个 盐、胡椒粉各少许
蚝油 $\frac{1}{2}$ 小匙 酱油曲（市售款）少许
芝麻油少许

1 小腊肠纵向切成两半后切条。青椒切成细丝。

2 在平底锅中倒入芝麻油烧热，用中火炒 1，加入盐、胡椒粉。

3 放入蚝油和酱油曲，仔细翻炒，让酱汁彻底入味。

VARIATION

香肠切段炒了之后作为主菜。中间放上蛋黄酱和番茄酱，用芝麻拌扁豆和鸡蛋卷（P42）使便当更为紧凑。

53

FISH ▶ | 鱼
烤鲑鱼便当

要说鱼做的菜式的话，非烤鲑鱼莫属。
只要便当盒的中央有了鲑鱼坐镇，就陡然生出一种华丽感，
成就了一份气派的便当。
当天早上烤也可以，前一天烤好放冰箱里冷藏也很方便。
可以直接装进便当盒，亦可把鱼肉拆开放在米饭上，就完成了一款色彩斑斓的便当。

米饭上铺上青紫苏，再放上烤好的鲑鱼。
副菜是番茄酱炒菜花和甜煮胡萝卜、海苔
鸡蛋卷（P43）、山椒小银鱼、腌姜片、
小西红柿。

基本做法

烤鲑鱼便当

[材料] 1 人份

腌渍咸甜的鲑鱼 1 段

鲑鱼用烤鱼用的网烤熟，去除余热。切成适合装盘的长度。完全凉透后再装盘。

VARIATION

01   02   03

用盐曲腌渍之后，用青紫苏卷	用酱油腌渍，抹上芝麻	把烤鲑鱼的鱼肉拆散
把生的鲑鱼用盐曲腌渍一下，提升鲜味。用青紫苏卷起来会增加一种清爽的风味（见下文）。副菜是番茄酱甜醋勾芡的肉丸、韩式拌卷心菜（P28）。	将生鲑鱼用酱油腌渍也很好吃，再加入芝麻的风味，就做好了这款和米饭非常搭配的便当（见下文）。再放上炒小腊肠、煮菠菜。	米饭上撒上海苔，再放上拆成大块的烤鲑鱼肉。副菜是加了煮羊栖菜（P42）的和风土豆泥沙拉、虾米鸡蛋卷（P42）、煮甜豆。

用盐曲腌渍的青紫苏卷烤鲑鱼

材料（1 人份）和制作方法

将 1 段生鲑鱼和 1 大匙盐曲放入保鲜袋中，轻轻揉搓，使鱼肉均匀沾满调味汁，在冰箱中放置一晚。去掉多余的盐曲，用烤鱼网烤熟，去除余热，切成适合装盘的长度。完全凉透后用青紫苏卷起来，装盘。

酱油鲑鱼制作方法

将 1 段生鲑鱼和 2 小匙酱油放入保鲜袋中，轻轻揉搓，使鱼肉均匀沾满酱油，在冰箱中放置一晚。从保鲜袋中取出，表面抹上适量的煎芝麻（白），用烤鱼网烤熟。完全凉透后，切成适合装盘的长度。

不同食材的便当

鱼干便当

便当里放鱼干！听到这句话可能你会惊讶，但的确是很不错的下饭菜。

制作鱼干便当的契机是去伊豆旅行回来的路上吃到的车站便当。

非常具有旅行的风情，典型的日式搭配，是难以忘怀的美味。

便当吃起来方便是很重要的，所以我一直注意鱼干要放骨头少的那部分。

在我家，受欢迎度和咸鲑鱼干并驾齐驱的就属竹荚鱼了。我通常都会买偏小的，大的话，我会选择没有骨头的那一半鱼肉。光有这道菜其实就很下饭了，所以副菜搭配鸡蛋卷（P42）、煮芦笋等简单的菜式即可。

基本做法

竹荚鱼干便当

[材料] 容易掌握的分量

竹荚鱼干 个头小的 1 片

把竹荚鱼干放在烤鱼网上烤熟，去除余热。去掉鱼头，切成适合装盘的长度。待凉透之后装盘。

VARIATION

01   02   03

鱼肉很厚的花鲫鱼便当

花鲫鱼个头一般都很大，所以我选了没有骨头那一半鱼干的尾部。肉厚所以很有体积感，吃起来也颇有口感。搭配了蔬菜炒肉、鸡蛋卷（P42）。

富含脂肪的鲭鱼便当

鲭鱼富含脂肪，所以放凉之后可以用厨房用纸轻轻擦去多余的油脂。鱼皮部分烤透是好吃的要点。副菜是味噌炒茄子和胡萝卜（P48）、鱼肉香肠、煮南瓜和红薯。

鱼骨头也可以吃的秋刀鱼便当

秋刀鱼干的骨头也比较容易嚼碎，即使做成烤鱼，里面的小鱼刺大多也可以直接吃。于是我尝试了在秋刀鱼身上抹上低筋面粉，用油炸得脆脆的。小鱼刺好像也可以吃。再放上炸鱼糕和煮藕片。

山芋鱼饼、竹轮便当

像山芋鱼饼、竹轮这样带有黏性的食材鲜味十足，油炸一下就可以变身为主菜。竹轮可以用来做沙拉、拌菜、炒菜等，和任何食材都很搭配，所以也会经常用于副菜。山芋鱼饼切成容易吃的大小，用海苔和青紫苏卷起来，就成了一款外观和体积都超满足的便当。

山芋鱼饼奶酪三明治

[材料] 1人份

山芋鱼饼 1 片

奶酪片 1 片

1 山芋鱼饼切成一半的厚度，中间夹上奶酪片。

2 放入耐热容器中，轻轻覆上保鲜膜，用 600W 的微波炉加热 1 分钟。去除余热，切成容易吃的大小。

VARIATION

山芋鱼饼煎至比较深的金黄色。香气扑鼻而且微甜，用青紫苏卷起来，后味清爽，有多少都能吃下去。副菜是酱炒青椒和金针菇、炒小腊肠。

紫苏卷山芋鱼饼便当

[材料] 1人份

山芋鱼饼 $^1/_2$ 片　青紫苏 2 片

色拉油少许

1 在平底锅中倒入色拉油烧热，用中火将山芋鱼饼两面都煎成酥脆的焦黄色。放凉后切成容易吃的大小。

2 根据鱼饼的大小来切青紫苏，卷好。

RECIPE
30

竹轮大碗盖饭

[材料]一人份

竹轮天妇罗（见下文）1$\frac{1}{2}$根
调味汁（佐餐凉拌型）60mL
水 3 大匙　海苔适量　米饭 1 人份

1　把竹轮天妇罗纵向切成两半，准备好 3 根。

2　在小号平底锅中加入调味汁和水煮开，把 **1** 摆放进去，稍微煮一会儿。翻面，待完全入味后关火。

3　在便当盒里盛上米饭，把海苔切碎撒在上面，放上沥干汤汁的 **2**。

晚饭做天妇罗的日子，多炸一些竹轮存着会很方便。即使凉了也很好吃，也不会变形，所以很适合当作盖饭。竹轮的面衣吸收了汤汁，所以放到撒了海苔的米饭上，直到吃的时候也能锁住美味。副菜是辣椒酱拌乌鱼丝和黄瓜、煮菜花、小西红柿。

RECIPE

31

RECIPE

32

鲣节酱油拌竹轮便当

[材料]1人份

竹轮 $\frac{1}{2}$ 根　柴鱼片少许
蛋黄酱 1 小匙　酱油少许

竹轮切成薄薄的圆片，放入碗中。放入削好的柴鱼片，搅拌，再加入蛋黄酱和酱油搅拌。

还想再多弄一样菜，而且冰箱里有竹轮的时候，我经常会做拌菜。搭配放了肉末的鸡蛋卷（P42）、芝麻拌扁豆（P28）。

番茄酱和砂糖酱油

使用番茄酱 　番茄酱适中的甜味和酸味与任何食材都很搭配。

RECIPE
33

番茄酱猪肉

稍加一点蚝油,味道就会更好。肉的话用鸡肉、牛肉、小腊肠都可以。

[材料]1人份

碎猪肉块 50g　洋葱 $\frac{1}{6}$ 个
盐、胡椒粉各少许
蚝油少许　番茄酱 2 小匙
色拉油少许

1 把洋葱切成 1cm 宽度。

2 在平底锅中倒入色拉油烧热,放入洋葱和猪肉,用中火炒,加盐、胡椒粉。

3 放入番茄酱稍微炒一下,加蚝油继续炒。

RECIPE
34

番茄酱炒嫩煎猪肉

取一点晚饭做的嫩煎猪肉再利用。用炸鸡块和火腿、小腊肠等来做也很好吃。

[材料]1人份

嫩煎猪肉 $\frac{1}{2}$ 片　茄子 $\frac{1}{3}$ 根
青椒(红) $\frac{1}{4}$ 个
番茄酱 2 小匙　色拉油少许

1 将嫩煎猪肉切成容易吃的大小。

2 在平底锅中倒入色拉油烧热,放入 **1**,用中火炒。

3 放入番茄酱轻轻翻炒。

RECIPE
35

酸甜口的龙田油炸肉

用炸鸡代替龙田油炸肉也很适合。

[材料]1人份

龙田油炸牛肉 3 个
洋葱 $\frac{1}{8}$ 个　青椒 $\frac{1}{4}$ 个
小腊肠 1 根

Ⓐ 　醋 $\frac{1}{2}$ 小匙
　砂糖 1 小匙
　番茄酱 2 小匙
色拉油少许

1 把洋葱、青椒、小腊肠随意切成块状。

2 在平底锅中倒入色拉油烧热,放入 **1** 和龙田油炸牛肉,用中火炒。

3 炒熟之后,放入 Ⓐ,翻炒使之整体入味。

当不知道该怎么调味的时候,使用番茄酱或砂糖、酱油一定不会出错。
即使凉了也很好吃,是非常适合做便当的菜式。

使用砂糖和酱油 砂糖和酱油调出的咸甜口非常下饭。

RECIPE
36

砂糖酱油炒牛肉

手脚麻利地把碎牛肉块用砂糖和酱油调味。也强烈推荐放在米饭上一起吃。

[材料]1人份

碎牛肉块 50g 砂糖 1 小匙
酱油 1 $\frac{1}{2}$ 小匙 色拉油少许

1 在平底锅中倒入色拉油烧热,放入牛肉,用中火炒。

2 趁牛肉还没完全变色的时候放入砂糖。

3 肉基本上熟透的时候,放入酱油快速翻炒,汤汁收干后关火。

RECIPE
37

砂糖酱油炒五花肉

把五花肉炒得酥脆,再用砂糖和酱油调味。

[材料]1人份

猪五花肉薄片 40g
彩椒(红)$\frac{1}{2}$ 个 砂糖 1 小匙 酱油 1 小匙 熟芝麻(白)少许 色拉油少许

1 红色彩椒切成 1cm 宽,猪肉切成 4cm 长。

2 在平底锅中倒入色拉油烧热,用中火炒猪肉,肉变色后放入红色彩椒。

3 放入砂糖和酱油调味,肉呈现出光泽后,加入熟芝麻,关火。

RECIPE
38

砂糖酱油煮牛肉和蟹味菇

只需要把食材放入耐热容器中,微波加热一下。用猪肉做也很好吃。

[材料]1人份

碎牛肉块 30g 蟹味菇 15g
酱油 1 $\frac{1}{2}$ 小匙 砂糖 1 小匙

1 将蟹味菇拆成容易吃的大小。把所有食材放入耐热容器中搅拌均匀,轻轻覆上保鲜膜,用 600W 的微波炉加热 2 分钟。

2 搅拌均匀,去掉保鲜膜后再加热 1 分钟。确认肉完全熟透后再次搅拌,使之更加入味。

VEGETABLES ► |蔬菜|

青椒、彩椒便当

我去采购食材的时候，即使没有特殊的用途，也会先买些青椒和彩椒。
有了红色和绿色，便当瞬间就变得华丽，而且维生素丰富，脆生生的口感也富有层次。
用芝麻拌、炒菜、韩式拌菜等，怎么做都没有违和感，是让便当看起来好吃的优秀的配角。

RECIPE
39

青椒炒火腿

[材料] 1人份

火腿（切成厚片）1 片
青椒、彩椒各 $1/2$ 个
盐、胡椒粉各少许
蚝油 $1/3$ 小匙
酱油少许　芝麻油少许

1 火腿、青椒和红椒分别切成细丝。

2 在平底锅中倒入芝麻油烧热，用中火炒 **1**。

3 完全熟透后，放入盐、胡椒粉，加蚝油和酱油，整体调味。

青椒和火腿切成细丝，做成青椒肉丝风味炒菜。用红椒色彩艳丽。副菜是鸡蛋卷（P42）。虽然只有两款菜式，但放上海带佃煮的话，外观和口味都非常均衡。

色彩丰富的韩式拌菜

[材料]1人份

红、黄彩椒各 $1/8$ 个

盐、胡椒粉各少许　芝麻油1小匙

1 彩椒切成薄片，放入耐热容器中，轻轻覆上保鲜膜，用600W的微波炉加热1分钟。

2 去掉多余的水分，趁热放入盐、胡椒粉，加芝麻油搅拌。一直放到完全凉透。

不知道该怎么和肉末（P24）搭配时，做的韩式拌彩椒。当两种颜色彩椒都放进去的时候，便当瞬间就变得华丽起来。用煮甜豆和菠菜来增加绿色。

小鳀鱼青椒炒鸡蛋

[材料]1人份

青椒 $1/2$ 个　小鳀鱼1大匙　鸡蛋1个

盐、胡椒粉各少许 色拉油少许

1 将青椒随意切块，鸡蛋打散。

2 在小号平底锅中倒入色拉油烧热，放入青椒，用中火炒。变色后放入小鳀鱼，加盐、胡椒粉继续翻炒。

3 加入鸡蛋，快速翻炒，入味的同时，让鸡蛋熟透。

想要绿色的菜式时，要是有青椒的话就能帮上大忙。时间稍稍充裕的时候，我就会用鸡蛋和小鳀鱼等冰箱里现有的食材来炒。搭配筑前煮、炒小腊肠。

橄榄油炒青椒和彩椒

[材料]1人份

青椒 $1/2$ 个　彩椒（红） $1/8$ 个

盐、胡椒粉各少许　橄榄油少许

1 将青椒和彩椒切成细丝。

2 在平底锅中倒入橄榄油烧热，放入**1**，用中火炒。加盐、胡椒粉，炒至还留有一点点辣椒的口感。

苦于副菜的颜色搭配时，只需要把青椒和彩椒切丝炒一下，就可以做出鲜甜口味好的一款菜品。搭配意大利酥仔火腿（P53）、橙醋酱油拌竹轮和茗荷。

RECIPE 40

RECIPE 41

RECIPE 42

不同食材的便当

蘑菇便当

如果冰箱里有蘑菇的话，经常会派上大用场。
炒菜里想多加一份食材，总觉得菜式有些单薄的时候，
会发挥出不可思议的存在感，让便当丰富起来。
无论炒着吃，还是用微波炉加热，熟得快而且容易入味。
用橙醋酱油来拌，或者做成培根卷，好用指数出类拔萃！

RECIPE
43
——
用蟹味菇做成快手拌菜

[材料] 1人份
蟹味菇 30g　盐、胡椒粉各少
许 甜酒 1 小匙 醋少许
酱油 $\frac{1}{2}$ 小匙 芝麻油少许

1 把蟹味菇撕成容易吃的大小。

2 在平底锅中倒入芝麻油烧热，用
中火炒 **1**。炒软后依次放入盐、
胡椒粉、甜酒、醋、酱油，炒至
汤汁收干。

3 风味方面，加一点芝麻油（菜谱
分量之外）。

蟹味菇在菌类里面也是属于味道和
香气比较浓郁、有咬头的。炒软了
之后，放入醋和芝麻油等就做成了
快手拌菜。搭配了把青椒和火腿切
成细丝，用蚝油调味的炒菜，和加
了小葱的炒鸡蛋。

金针菇明太鱼子

[材料] 1人份

金针菇 50g　明太鱼子 2 小匙

1 将金针菇切成 3cm 长，根部仔细撕开。剥掉明太鱼子上的鱼皮。

2 在耐热容器中放入 **1**，搅拌均匀，轻轻覆上保鲜膜，用 600W 的微波炉加热 1 分钟。

3 去掉保鲜膜，再次拌匀，去除余热。

金针菇明太鱼子除了适合做便当之外，还能当下酒菜。只需要拌一下，之后放入微波炉，所以完全不费工夫。搭配了用番茄汁拌的鸡肉和嫩煎扁豆。

黄油酱油炒香菇

[材料] 1人份

生香菇 3 片　酱油少许　黄油少许

1 香菇去掉茎，切成 5mm 宽的薄片。

2 在平底锅中放入黄油加热，用小火慢慢炒 **1**。炒软后淋上酱油。

香菇慢慢炒，能激发出香气和风味，再点上酱油，一道菜就制作完成了。搭配了用橄榄油烧热做的带有橄榄香气的金枪鱼和茄子、肉末豆瓣酱蒸茄子。

橙醋酱油拌蟹味菇

[材料] 1人份

蟹味菇 20g　橙醋酱油 2 小匙

将蟹味菇撕成容易吃的大小，用 600W 的微波炉加热 40 秒。趁热淋上橙醋酱油搅拌。

蟹味菇加热后淋上橙醋酱油，味道马上就能渗进去，变成好吃的副菜。有嚼劲的口感是重点。搭配了土豆炖牛肉、芝麻拌小松菜。

不同食材的便当

RECIPE
44

RECIPE
45

RECIPE
46

快手煮菜便当

便当里放了煮菜，家人就会很高兴，我也莫名地感到安心。

在我家，很少会把前一天做的煮菜装进便当盒，都是当天早上，快速地做好快手煮菜。

放了带有鲜味的炸鱼饼和柴鱼片，所以不需要再加高汤了。

用小号平底锅或微波炉加热制作而成。

花 10 分钟左右即可做好，因此没有时间的早上也能顺利完成。

RECIPE

47

基本做法

快手煮菜

[材料]1人份

胡萝卜 $\frac{1}{4}$ 根　炸鱼饼 1 片

萝卜（切成圆片）2cm

柴鱼片 2g　酱油 1 小匙　甜酒 2 小匙

1 胡萝卜和萝卜随意切成小块。炸鱼饼切成容易吃的大小。

2 在小号平底锅中放入 **1**，加入刚好没过食材的水，开火。煮开后放入柴鱼片和酱油、甜酒，用中火煮。

3 胡萝卜和萝卜熟了之后，继续煮至汤汁基本收干。

放了带有鲜味的炸鱼饼和柴鱼片的话，即使没有高汤也能做出好吃的煮菜。为了熟得快一点，根菜要切得稍小一点。副菜是用微波炉加热的油菜、海苔鸡蛋卷（P43）。

如果不放根菜，用砂糖代替甜酒来减少水分，就会更加缩短时间。搭配了烤鲑鱼（P54）、微波加热过的小松菜，在叉烧和豆苗之间挤了一点蛋黄酱。

煮菜用微波炉来做非常方便，空出燃气炉做其他的菜，这一点很好。这道菜先单独把根菜加热弄熟是重点。搭配炸猪排、蛋黄酱拌花椰菜。

利用了下文中的味道浓郁的快手煮菜（煮竹笋和胡萝卜）。使用了调味汁和柴鱼片的双重效果，使得味道更加浓郁。用微波炉来做简单且容易入味，非常好吃。主菜是煮牛肉（P16）。

RECIPE
48

没有时间的时候做的快手煮菜

[材料] 1人份

生香菇2片 炸鱼饼2片
柴鱼片2g 酱油1小匙
砂糖 $\frac{1}{2}$ 小匙

1 将香菇去掉茎，切十字分成4等份。炸鱼饼切成一口能吃下的大小。

2 在小号平底锅中放入 **1**，加入刚好没过食材的水，开火。煮开后放入柴鱼片和酱油、砂糖，用中火煮至汤汁基本收干。

RECIPE
49

微波炉做的快手煮菜

[材料] 1人份

胡萝卜 $\frac{1}{3}$ 根 炸鱼饼1片
水2大匙 调味汁（佐餐凉拌型）40mL

1 将胡萝卜随意切成小块，炸鱼饼切成容易吃的大小。

2 在耐热容器里放入胡萝卜和1大匙水，轻轻覆上保鲜膜，用600W的微波炉加热3分钟。

3 胡萝卜熟了之后，去掉多余的水分，加入炸鱼饼和剩下的水、调味汁，拌匀。再次轻轻覆上保鲜膜，加热2分钟，搅拌均匀使之入味。

RECIPE
50

味道浓郁的快手煮菜

[材料] 1人份

煮好的竹笋20g 胡萝卜 $\frac{1}{3}$ 根 水1大匙

Ⓐ 调味汁（佐餐凉拌型）40mL 柴鱼片 3g

1 竹笋切成容易吃的大小，胡萝卜随意切成小块。

2 在耐热容器里放入胡萝卜和1大匙水，轻轻覆上保鲜膜，用600W的微波炉加热3分钟。

3 熟了之后，去掉多余的水分，加入Ⓐ拌匀。再次轻轻覆上保鲜膜，加热2分钟，搅拌均匀。

OTHER ► | 其他食材 |

鸡蛋

RECIPE
51

鸡蛋的黄色能促进食欲，成就了如菜花盛开般华丽的便当。
当因为冰箱里缺少食材而头疼的时候，炒鸡蛋和煎蛋卷登场的频率就会增加。而且能撑体积，非常方便。

炒鸡蛋

[材料] 1人份

鸡蛋 1 个　色拉油少许
甜酒 1 小匙

1 把鸡蛋在碗里打散，加甜酒搅拌均匀。

2 在平底锅中倒入色拉油烧热，调为中火，锅热透了之后把 **1** 的蛋液一口气倒进去。

3 用筷子将蛋液迅速划散，使之全熟。

这是加了甜酒的松软且带有柔和的甜味的炒鸡蛋。搭配了用砂糖和酱油调成的口味浓郁的甜辣口烤五花肉，把杏鲍菇和大葱加盐、胡椒粉调味后做的嫩煎。

VARIATION

韭菜加热后甜味会增加，和鸡蛋是绝配。香气也很好闻，让人停不下筷子。搭配炒小腊肠、煮西蓝花（P88）。

韭菜鸡蛋

[材料] 1人份

韭菜 1 根　鸡蛋 1 个
盐、胡椒粉各少许　芝麻油少许

1 韭菜切成 1cm 长。鸡蛋在碗里打散。

2 在平底锅中倒入芝麻油烧热，用小火轻轻翻炒韭菜后取出，放入 **1** 的鸡蛋碗里。加盐、胡椒粉搅拌。

3 轻轻擦拭下平底锅，调成中火，倒入 **2**，摊煎的面积要稍小一点，鸡蛋变色后关火，利用余热使之全熟。

RECIPE
52

煎蛋卷是非常优秀的主菜。原则上用盐、胡椒粉来调味。金枪鱼和蔬菜、小腊肠等冰箱有的食材,什么都可以放进去。副菜是法式炖小腊肠。

用肉末（P24）和马铃薯做的西班牙风味煎蛋卷。搭配了番茄酱和蛋黄酱。副菜是炒小腊肠。咸菜只需把卷心菜和黄瓜加盐,用600W 的微波炉加热 30 秒即可完成。

RECIPE
53

金枪鱼煎蛋卷

[材料] 1人份

鸡蛋 1 个　金枪鱼罐头 20g

牛奶 $1/2$ 小匙　盐、胡椒粉各少许

橄榄油少许

1 把鸡蛋在碗里打散,倒入牛奶,加盐、胡椒粉。放入沥干汤汁的金枪鱼,搅拌均匀。

2 在小号平底锅中倒入橄榄油烧热,改中火,确认锅完全热了之后,将 **1** 一口气倒进去。

3 将蛋液大幅度划散,8 分熟的时候,将一半的蛋饼翻折过来,做成鸡蛋卷的形状。调小火,翻面,轻轻煎一下,关火。利用余热使之全熟。

RECIPE
54

西班牙风味煎蛋卷

[材料] 1人份

鸡蛋 1 个　马铃薯 40g

肉末（P24）1 大匙　水 1 小匙

牛奶少许　盐、胡椒粉各少许　色拉油少许

1 马铃薯切成 1cm 大小的块状,过一下水后沥干水分。和水一起放入耐热容器中,轻轻覆上保鲜膜,用 600W 的微波炉加热 1 分 30 秒后,去掉多余的水分。

2 把鸡蛋在碗里打散,加入牛奶、盐、胡椒粉搅拌,放入肉末和 **1**。

3 在平底锅中倒入色拉油烧热,改中火,确认锅完全热了之后,将 **2** 一口气倒进去。将蛋液大幅度划散,8 分熟的时候将一半的蛋饼翻折过来,做成鸡蛋卷的形状。调小火,翻面,轻轻煎一下,关火。利用余热使之全熟。

海苔

绝对不能称之为菜，但可以一直吃到最后一口米饭而吃不腻的，就是海苔便当！
我经常会做米饭里夹着海苔的"海苔段段"这样类型的便当。
即使菜式只有 1 个炸鸡和 1 个鸡蛋卷，但海苔的黑色使整个便当变得非常紧凑，莫
名地看起来非常棒，令人愉快。

米饭上撒了非常下饭的海带和柴鱼片做的
佃煮，又放了用酱油调味的海苔。这是放
了炸鸡块（P34）、金平风味炒用削皮器
削好的胡萝卜片、鸡蛋沙拉、少许卷心菜
丝的亲子便当。

基本做法

海苔便当

[材料]1人份

米饭 1 人份　海带和柴鱼片的佃煮

（市售款）适量　海苔适量

酱油适量

1 在便当盒里盛满米饭，铺平。将海带和柴
鱼片佃煮撒在上面。

2 把海苔切成适当的大小，盘子里倒入酱油，
摊开和海苔差不多大小的面积。

3 把海苔蘸上酱油，放在米饭上。

VARIATION

01　　　　　　**02**　　　　　　**03**

用自制的拌饭料做的海苔便当

把自制的高汤拌饭料(P85)
撒在米饭上，海苔分成 2 张，
背面蘸上酱油放上去。搭配
煮西蓝花（P88）、放入韭
菜和红椒的鸡肉丸子、杏鲍
菇和金针菇蛋黄酱沙拉。

海苔段段

将海苔分 2 层放在米饭上的
便当，称之为海苔段段（上
文）。制作简单又好吃，而
且美观。配菜是金平风味炒
菜（P82）、味噌炒茄子、
辣椒和小腊肠（P48）。

酱油 + 芝麻的海苔便当

海苔段段（上文）最上面一层海
苔两面都蘸上酱油，撒上煎好的
芝麻。再放上用烤鱼网烤好的酱
油烤鸡翅、煮南瓜、嫩煎用盐、
胡椒粉调味的秋葵。

71

偷工减料的便当

手忙脚乱做好的没有概念、分不清主次的便当

01

这一天的菜单是放了火腿的鸡蛋卷（P42）、海苔卷山芋鱼饼、炒 2 色的青椒丝、拆开鱼肉的烤鲑鱼（P54）、山椒小银鱼。前一天完全没考虑便当的事情，早上一看冰箱，发现没有任何可以成为主菜的食材。仔细一看，发现了救世主般的鱼糕。单纯烤一下放进去，又有点遗憾，不得已才想出了用海苔卷上这一下策。把火腿切成碎块加入蛋液里做成鸡蛋卷。剩下的一点连半条都不到的鲑鱼也不能直接装盒，所以拆开鱼肉放进去。装完之后发现这样的话，配色太差劲了，于是马上炒了 2 色的青椒放了上去。

没有食材、没有时间、还很累的时候⋯⋯
这种情况下，这样的便当也会登场。希望能给大家带来一些参考。

虽然卖相不好，但似乎也颇受欢迎的便当

02

03

基本上全是常备菜。把冰箱里现有的食材一股脑儿地装进了便当。光是肉末（P24）、烤鲑鱼（P54）就非常下饭了，再放入海带丝和煎明太鱼，就会有一种"怎么样，还不错吧？"的感觉。

便当里放入海苔鸡蛋卷（P43）就会非常美观，感觉像是款不错的便当，所以我很喜欢做。看到金平风味（P82）炒牛蒡、胡萝卜和藕片，就心安了。还放了炒小腊肠和青椒，虽然是再普通不过的便当，但我也非常满意。

为难的时候经常做的类型

04

05

我家冰箱基本上都会常备有茄子、青椒和鸡蛋。为难的时候就做味噌炒菜（P48），搭配外观好看的海苔鸡蛋卷（P43）的组合。没有能用上的肉类和半成品，于是就用这两款菜式填补了便当的空间。

只有一点点猪肉，蔬菜也只有芦笋的时候做的便当。鸡蛋卷（P42）和小腊肠真的总能帮上大忙。小腊肠先划上十字再炒就会张开，不仅能撑体积，而且给便当带来一种华丽感，非常方便。

73

用肉末总算应付过去了!

06

很多时候,如果有肉末的话,总算能应付过去。那一天非常困,所以在米饭上铺满肉末。把常备的煮鸡蛋(P86)切片、摆好,少量的菠菜和油炸豆腐加砂糖、酱油炒了一下,总算完成了。

培根卷成为主菜

07

除了鸡蛋卷(P42)之外,没有可以撑得起主菜的食材的时候,我就会用培根卷救急。卷什么蔬菜都可以,这一天卷了彩椒,用微波炉加热1分钟。不可否认感觉好像还缺点什么,但总算是完成了。

把意大利面当菜

10

虽然我也对把意大利面当菜抱有疑问,但面条是有酱料的,所以没问题。有了明太鱼子,米饭应该毫无疑问能吃得下去。别的菜什么都没有,所以又放了鸡蛋卷(P42)、生菜丝加蛋黄酱。

用鸡蛋卷填补空间

11

肉末(P24)只有一点点了,所以混到了鸡蛋卷(P42)里。切成不规则的大块,也能填补便当里的空间。用火腿卷了红椒和扁豆放进微波炉加热,把烤鲑鱼(P54)的鱼肉拆散拌在米饭里。

强调烤鲑鱼的存在

08

鸡蛋卷（P42）搭配炒蔬菜属于比较单一的便当类型，所以在白米饭的正中央放了一大块烤鲑鱼（P54）。感觉这样强调烤鲑鱼的存在感的摆法，也蛮不错的。

色彩不够

09

从内容上看，有土豆炖牛肉、酱油鸡（P78）、韩式拌卷心菜（P28），能吃是没有问题的，不过整体都是茶色。没找到绿色和红色等色彩艳丽的食材，所以在米饭上放了红色系的拌饭料糊弄过去了。

不管三七二十一，用番茄酱炒一下

12

把香肠切成厚的圆片，和茄子一起加番茄酱来炒（P60）。番茄酱风味炒菜很下饭，所以为难的时候能帮上大忙。又放了韩式拌卷心菜（P28）和煮鸡蛋（P86）这样简单的副菜。

用大块火腿显示魅力

13

虽然只是把切成两半的大块厚片火腿煎了一下放了进去，但便当盒里的配色却是美不胜收。另外只放了鸡蛋卷（P42）和煮西蓝花（P88），却成就了一款相当有魅力的便当。

便当的记录

虽然每天因为要做便当比较忙碌,但是为了不忘记过去曾做过哪些便当,我坚持留下记录,把做好的便当拍照留存,或用日记简单记录下菜单的内容。用照相机拍照的习惯,是从 2009 年我开通博客的时候开始的。我属于比较懒散的人,但无论多忙,就算是外观和内容都马马虎虎的便当,我也一天不落地坚持拍照。

拍摄便当的时候要选择光线好的明亮的场所。在我家,从厨房的窗户可以投射进来自然光,所以水槽旁边的空间就是我拍照的固定位置。把大号的木质菜板放平垫在下面,有时候也会铺上包便当盒的包袱皮,变换一下背景。照相机每次都用三脚架会很麻烦,所以我用手持的方式来拍。两腋夹紧,不要从正面,而要身体倚着台面,从稍微倾斜一点的角度拍摄,这样身体就会固定,手就不会抖了。

平时拍照时的样子。变换角度,拍摄多种类型的照片。

（左图）拍摄所用的尼康单反相机已经用了超过 20 年。虽然有时候会忘记写菜单日记,但之后重温的时候回首过去,也是件非常愉快的事情。
（右图）我所拍摄的便当照片。

PART 3

朴素的常备菜

有了常备菜,便当制作瞬间就会轻松许多,但对于食材多的菜,或是烹饪工序烦琐的菜式无论如何也提不起兴趣。简单的朴素菜式是首选。我会把肉事先用调味料腌渍好,或煮好西蓝花备用。接下来向大家介绍我常做的、简单的常备菜。

酱油鸡

鸡肉买来后，我就会放进保鲜袋，倒入酱油，提前腌渍好。

忙得没时间考虑菜式或者累了的时候，早上起来马上把腌好的鸡肉用微波
炉加热，转眼间就能做好一道酱油风味的照烧鸡。

直接吃就足够好吃了，所以不假思索地放到便当盒中最显眼的地方。

加热后也可以保存，所以也推荐大家放入蔬菜一起炒。

把酱油鸡用微波炉加热作为主菜。
鸡肉里面酱油已经完全入味了，所
以放在米饭上也很好吃。副菜搭配
了色彩艳丽的炒鸡蛋（P68）、炒
胡萝卜和青椒。

基本做法

酱油鸡

冷藏保存 加热前 2 天 加热后 5 天

[材料]

鸡胸肉 $1/2$ 片

酱油 $1 1/2$ 小匙

1 在保鲜袋里放入鸡胸肉和酱油，从袋子上方轻轻揉搓使鸡肉均匀沾满酱油。扎紧袋口，平放入冰箱，腌渍一晚。

2 把 1 从保鲜袋中取出，鸡皮的那一面朝下放入耐热容器中，轻轻覆上保鲜膜，用 600W 的微波炉加热 3 分钟。

3 将鸡肉翻面，再次轻轻覆上保鲜膜，用 600W 的微波炉加热 2 分钟。

4 将鸡肉翻面，去除余热，切成容易吃的大小。

VARIATION

01

02

03

加蛋黄酱，提升浓郁度

在基本菜谱里加了 1 小匙蛋黄酱，可提升浓郁度，还有使肉质变软的效果。撒上七味辣椒粉，辣辣的。副菜是用微波炉加热过的菜花和卷心菜加芝麻油、盐和胡椒粉做成的拌菜，煮鸡蛋（P86）。米饭是海苔段段（P71）。

裹上面衣油炸

酱油鸡不仅可以用微波炉加热，油炸（见下文）也非常美味。芝麻喷香，面衣松脆！副菜是拌青椒和茄子，盐渍后放橙醋酱油和茗荷来拌，非常爽口。还放了固定搭配的鸡蛋卷（P42）。

和蔬菜一起炒

把酱油鸡加热后析出的肉汁利用起来，蔬菜吸收了肉汁的鲜味，就成了好吃的蔬菜炒肉。在加热好的酱油鸡里放入少许肉汁，和青椒、茄子一起炒。副菜是煮猪肉和黄瓜、紫洋葱沙拉、煎明太鱼子。

油炸酱油鸡的材料（容易掌握的分量）和做法

把淀粉 1 大匙，黑、白芝麻碎各 1 小匙，搅好的蛋液 $1/2$ 个的分量一起搅拌做成面衣，用 $1/2$ 片酱油鸡裹上面衣，在平底锅中多放一些油烧热，炸至两面酥脆。

腌肉

把猪肉、鸡肉、牛肉和调味料一起装进保鲜袋腌好，当为便当的菜式头疼
的时候就派上用场了。
冷冻起来的话，解冻期间调味料还会渗入到肉里面，所以用来做便当再适
合不过了！

鸡蛋里放入甜酒、调味汁和韭菜做成炒鸡蛋（P68），快速清洗一下平底锅，接着煎用味噌腌好的
猪肉就能缩短时间。也可以顺便放入彩椒同时烹饪。芜菁带皮切，加少许盐，用微波炉加热30秒后，
撒上红紫苏拌饭料来拌，紫色非常漂亮。

RECIPE 57　味噌腌菜

RECIPE 58　用沙拉酱腌渍

[材料]	[材料]
冷藏保存 2 天 冷冻保存 1 个月	冷藏保存 2 天 冷冻保存 1 个月

猪里脊薄片 50g　味噌 2 小匙
甜酒 1 大匙　色拉油少许

1 将味噌和甜酒充分混合。

2 把猪肉和 **1** 放入保鲜袋，从袋子上方轻轻
揉搓，使猪肉均匀沾上酱汁，放冰箱里腌
渍一晚。

3 从保鲜袋中将肉取出，去掉多余的酱汁，
切成容易吃的大小。在抹好色拉油的平底
锅中摊开，开小火。不要翻动过于频繁，
煎至两面都呈现焦黄色。

炸猪排用的猪里脊肉 1 片　油性的沙拉酱（市
售款）2 大匙　彩椒（红）$\frac{1}{8}$ 个　口蘑 20g
番茄酱 2 小匙　色拉油少许

1 把猪肉和沙拉酱放入保鲜袋，放冰箱腌渍
一晚。

2 将肉从保鲜袋中取出，切成容易吃的大小。
彩椒随意切块，口蘑拆散。

3 在抹好色拉油的平底锅中将猪肉摊开，用
小火煎。肉变色后放入 **2** 的蔬菜，再加入
1 的沙拉酱，待汤汁基本收干时加入番茄
酱稍微炒一下。

腌渍牛排

[材料]

冷藏保存 2 天 冷冻保存 1 个月

做牛排用的牛肉
（1cm 厚度）$1/2$ 片
生香菇 1 片
口蘑少许

橄榄油 1 大匙
Ⓐ 醋 1 小匙
酱油 2 小匙
盐、胡椒粉各少许
色拉油少许

1 把牛肉和Ⓐ放入保鲜袋，放入冰箱腌渍一晚。

2 将牛肉从保鲜袋中取出，切成容易吃的大小。香菇去掉茎，切成薄片，口蘑拆散。

3 把肉放入抹好色拉油的平底锅中，用小火煎。肉变色后放入香菇和口蘑，腌渍剩下的酱汁也放进去，炒至汤汁基本收干。

用腌渍的方法来做，装进便当盒后即使凉了也很柔软且好吃。和蘑菇一起炒的话，鲜味会被完全吸收。副菜是青椒炒小鳀鱼、金平风味炒萝卜、芥末拌卷心菜、黄瓜和胡萝卜。

用橙醋酱油腌制

[材料]

冷藏保存 2 天 冷冻保存 1 个月

鸡腿肉 $1/2$ 片　橙醋酱油 1 大匙　大葱少许

1 把鸡肉和橙醋酱油放入保鲜袋，放入冰箱腌渍一晚（鸡肉厚的话用擀面杖敲击后抻长）。

2 将鸡肉从保鲜袋中取出，放在烤鱼网里用中火烤 7 分钟（容易煳，所以一定要小心）。切成容易吃的大小，再随意撒上斜切成薄片的大葱。

橙醋酱油具有醋和酱油的效果，可使肉质松软，也能充分入味，是非常方便的调味料。用微波炉加热也可以，但用烤鱼网来烤出的香气更诱人。将微波炉加热 1 分钟的秋葵和口蘑快速炒一下，还有加了红辣椒的金平风味炒胡萝卜。

金平风味炒菜

提到便当里副菜的代表选手，非金平风味炒菜莫属。

牛蒡、胡萝卜、藕片是基本款，有时候也会变换食材，选用带皮的萝卜和
水芹菜等。

便当里放入金平风味炒菜，不可思议地就油然而生出莫大的安心感。

和米饭很搭，而且能够摄入植物纤维和维生素，是家人非常喜欢的菜式，
让我感觉自己是个好妈妈。

在便当盒的正中央放上一筷子金
平风味炒胡萝卜和牛蒡。其他的菜
式都是柔和的口味，所以放了甜辣
口的金平风味炒菜作为主菜。搭配
地瓜天妇罗、微波加热的油炸豆腐
和菠菜、鸡蛋卷（P42）

基本做法

金平风味炒菜　冷藏保存 5 天

[材料]

牛蒡 1 根	酱油 1$\frac{1}{2}$ 大匙
胡萝卜 1 根	Ⓐ 甜酒 1 大匙
芝麻油 2 小匙	砂糖 1 小匙

1 将用炊帚洗净表皮的牛蒡和胡萝卜切成细丝，牛蒡放入装满水的碗中，去掉浮沫，用笊篱捞出，沥干水分。

2 在平底锅中倒入色拉油烧热，用中火慢慢炒 **1**。变软之后放入 Ⓐ，炒至汤汁基本收干。

VARIATION

01　　　　　02　　　　　03

咸口金平风味炒菜　　金平风味炒胡萝卜　　金平风味炒藕片

冷藏保存 5 天

冷藏保存 5 天

冷藏保存 5 天

蔬菜用削皮器削成细丝，不仅口感柔软，而且容易熟，入味也快，所以用很短时间即可完成。用少许盐调味，做成咸口金平风味炒菜（下文）。还放了鸡蛋卷（P42）、炒小腊肠和菠菜。

用蜂蜜代替砂糖，就能做出胡萝卜蜜饯一般的味道。熟得快，5分钟左右即可完成，所以早上现做也可以。副菜是炒卷心菜、剩的饺子馅裹上芝麻煎的肉饼。

口感清脆很好吃。金平风味炒藕片（见下文），用七味辣椒粉提升辣味。搭配了鸡蛋卷（P42），在切成大块的小腊肠、嫩煎荷兰豆和口蘑中间还放了蛋黄酱。

咸口金平风味炒菜的材料（容易掌握的分量）和做法

胡萝卜、牛蒡各 1 根用削皮器削成细丝，牛蒡用水浸泡撇去浮沫，沥干水分。将芝麻油 2 小匙烧热，用中火炒蔬菜。变软之后，放 1/2 小匙盐、1 大匙甜酒、1 小匙砂糖，炒至汤汁基本收干，关火，拌入 1 大匙芝麻碎（白）。

金平风味炒胡萝卜的材料（容易掌握的分量）和做法

把 $\frac{1}{4}$ 根胡萝卜切成细丝。在平底锅中倒入少许芝麻油烧热，用中火慢慢翻炒。变软之后加2 小匙甜酒、1 小匙蜂蜜和少许酱油，炒至汤汁几乎完全收干。

金平风味炒藕片的材料（容易掌握的分量）和做法

在平底锅中倒入少许芝麻油烧热，将 10 片薄藕片用中火慢慢翻炒。变软之后放入 1小匙甜酒和少许酱油，炒至汤汁基本收干。撒上少许七味辣椒粉。

自制拌饭料

为了能让家人吃到最后一口还会觉得好吃，我所做的努力就是在便当里放上自制的拌饭料。

把做高汤时剩下的大量的柴鱼片做成拌饭料等，有空的时候我就会利用便宜且容易入手的食材来制作。

RECIPE
62

RECIPE
63

芝麻香菇

[材料]

冷藏保存 5 天

生香菇 6 片 砂糖 2 小匙

盐、酒 各 1 大匙 芝麻碎（白）适量

1 把香菇去掉茎，切十字花分成 4 等份。

2 在平底锅中放入除了芝麻以外的食材，用中火煮至汤汁基本收干。

3 放入芝麻搅拌，关火，去除余热。

作为常备菜做好保存会非常方便的芝麻香菇。有时会根据家人的口味，多加点酱油或少放点糖。主菜的橙醋酱油炒猪肉和茄子里，加了胡萝卜丝，配色更好看了。副菜是煮西蓝花（P88），挤了一点蛋黄酱。

小沙丁鱼干黄油佃煮

[材料]

冷藏保存 5 天

小沙丁鱼干 100g

黄油 1 小匙

酱油 2 小匙

盐、胡椒粉各少许

1 把黄油放入平底锅中加热，放入小沙丁鱼干，加盐、胡椒粉，用中火慢慢炒。

2 待小沙丁鱼干变脆后，淋上酱油，关火。

小沙丁鱼干黄油佃煮是和以往略有不同的黄油风味，和西式菜肴很配。嫩煎鲑鱼和青椒炒口蘑都做成淡盐口味。和小沙丁鱼干黄油佃煮一起吃，味道的对比更明显，会觉得更好吃。

高汤拌饭料

[材料]

冷藏保存 2 天 冷冻保存 1 个月

柴鱼片（煮高汤沥干汤汁剩下的部分）40g

砂糖 2 大匙

熟芝麻（白）1 大匙

酒、酱油各 1 大匙

1 将沥干汤汁的柴鱼片放入平底锅中，煎至汤汁完全收干。

2 在 **1** 里放入砂糖和芝麻搅拌，翻炒使之入味。

3 往 **2** 里加酒和酱油，入味后关火，边划散边晾凉，以防粘到一起。

　放上自制的高汤拌饭料，米饭就能非常美味地吃到最后一口。也可以用来做拌菜，非常方便。搭配的菜是猪肉和红椒、韭菜做的生姜烧（P12）、煮西蓝花（P88）、微甜的蛋黄酱南瓜沙拉。

朴素的煮羊栖菜

[材料]

冷藏保存 5 天

羊栖菜（干的）3 大匙　胡萝卜 $\frac{1}{3}$ 根

砂糖、甜酒各 1 小匙　酱油 1 大匙

芝麻油 1 小匙

1 将羊栖菜用水泡开，用笊篱捞出沥干水分。

2 在锅里放入芝麻油烧热，用中火炒 **1**。

3 变软之后，加入刚好没过羊栖菜的水，加砂糖、甜酒、酱油，煮至汤汁基本收干。

煮羊栖菜原本还要放更多的食材，但作为便当菜式，只要有羊栖菜和胡萝卜就足够了。用朴素的食材来做的话，可以掺进鸡蛋卷里或者拌进土豆沙拉里，菜式翻新非常方便。还放了味噌炒彩椒和茄子（P48）、鸡蛋卷（P42）。

RECIPE 64

RECIPE 65

煮鸡蛋

我会一次煮 3~4 个鸡蛋，放在冰箱里备用。

切片放进便当、切一半用来填补空间，或者捣碎做成鸡蛋沙拉，改变下形态就能华丽变身！

因为要装进便当，所以我要保证鸡蛋全熟。煮过了的话鸡蛋黄的周围就会发绿，半熟也不行，所以煮的火候非常重要。

主菜是用烤肉酱炒的猪肉、洋葱和 2 色的青椒，菜量足够，所以副菜放鸡蛋和煮西蓝花（P88）就足够了。没有必要所有菜都调好味。把煮鸡蛋切片摆在上面。

基本做法

煮鸡蛋

冷藏保存 5 天

[材料]

鸡蛋 3 个

1 将鸡蛋从冰箱中取出。在小锅里倒入足量的水烧开，待水沸腾后，用汤勺
把鸡蛋慢慢舀到锅中。

2 用中火煮 10 分钟后，马上放入凉水中冷却。

VARIATION

01   02   03

调味鸡蛋

做了黑醋煮猪肉，所以用煮
剩的汤做了调味鸡蛋。把煮
猪肉的汤汁和鸡蛋放入保鲜
袋中，挤出空气、密封，腌
渍半天以上。染成茶色的鸡
蛋可以促进食欲。副菜是金
平风味炒蒟蒻和胡萝卜、煮
西蓝花（P88）。

黄油明太鱼子拌鸡蛋

用微波炉将黄油熔化，和拆
散的明太鱼子一起搅拌，再
和掰成大块的煮鸡蛋一起拌。
菜式简单却意外地下饭。搭
配了用油炸豆腐卷鸡肉馅做
成的肉卷、微波加热后加橙
醋酱油拌的菜花和培根。

鸡蛋沙拉

把捣碎的煮鸡蛋加蛋黄酱做成鸡
蛋沙拉。装进切成一半大小、卷
成喇叭状的火腿里面。这是我在
没有主菜的时候，也能填补便当
盒的空间，华丽演出的妙招。副
菜是煮羊栖菜（P85）、炒卷心菜、
蟹肉棒。

煮西蓝花

用微波炉加热了一下就称之为常备菜也过于简单了，但有了西蓝花，便当的色彩搭配就瞬间变得华丽起来。

有时候会直接装盘，有时候会在西蓝花的中间放上少量的蛋黄酱，也很受欢迎。

如果用平底锅来炒一下，让煮西蓝花带上点焦黄色，会去掉多余的水分，

散发出甜味，更好吃。

主菜是放了洋葱和彩椒的烤肉（P20）。放上煮西蓝花和咸菜就大功告成。虽然主菜的菜式比较少，但有了煮西蓝花漂亮的绿色，会感觉整个便当很有型。

基本做法

煮西蓝花

冷藏保存 3 天

[材料]

西蓝花 $^1/_2$ 棵　水 1 大匙

1 把西蓝花分成小朵，放入耐热容器中，加水。

2 轻轻覆上保鲜膜，用 600W 的微波炉加热 2 分钟。沥干多余的水分，放凉。

VARIATION

01　　　　　　　02　　　　　　　03

用平底锅素烧

将保存到第 2~3 天的西蓝花用平底锅素烧，至略带焦黄色，或者在倒入少量色拉油烧热了的平底锅中加盐、胡椒粉用中火炒，这样西蓝花会比较紧实、好吃。搭配了甜辣的南瓜肉卷、放了培根的炒鸡蛋和买来的煮豆子。

增加食材做成嫩煎

把煮西蓝花和杏鲍菇一起用橄榄油嫩煎。西蓝花里多加一样食材，如蔬菜或小腊肠等来嫩煎，瞬间即可完成一道菜。搭配了番茄酱煮的剩的肉丸子和小腊肠。虽然是基本上只有 2 道菜的便当，但红绿交相辉映，并不显得单薄。

木须西蓝花

虽然做了烤鲑鱼（P54）、炒小腊肠，但没有蔬菜，所以紧急做了木须西蓝花，感觉这样才比较和谐。煮西蓝花加盐、胡椒粉一起炒，激发出甜味是这道菜的重点。剩下要做的就是淋上打散搅匀的蛋液，煮熟即可。

煮蔬菜，做成小菜！

我很少把生的蔬菜直接放入便当，而是用加热过的蔬菜来搭配色彩。
蔬菜本来的味道就足够好吃了，所以常常不做调味，直接装入便当盒。

菠菜

南瓜

主菜味道浓郁而且体积大，所以菠菜没有特别调味，直接放进去了。主菜是把冷冻的鸡肉丸解冻，加入木耳和煮好的胡萝卜，用酸甜的番茄酱勾芡而成。副菜是鸡蛋卷（P42）。

微波加热过的南瓜又甜又好吃，所以撒上煎芝麻（白）直接放进去了。主菜是放了肉末（P24）的鸡蛋卷（P42）。副菜的卷心菜用微波炉加热后，用盐、胡椒粉和芝麻油拌好的小沙丁鱼一起搅拌，做成了沙拉风味。

RECIPE
68

菠菜

[材料]
菠菜 3 棵

1 把菠菜洗净，切成一半的长度。

2 不挤干菠菜的水分，放入耐热的盘子，轻轻覆上保鲜膜，用 600W 的微波炉加热 1 分钟。

3 过水，拧干水分，切成容易吃的长度。

RECIPE
69

南瓜

[材料] 1 人份
南瓜 200g　水 1 大匙

1 南瓜去皮，切成 2cm 宽，适中的大小。

2 摆放至耐热容器中，不要堆在一起，加水，轻轻覆上保鲜膜，用 600W 的微波炉加热 4 分钟。南瓜变软后取出，沥干多余的水分，去除余热。

用微波炉煮蔬菜

煮蔬菜都是在当天早上，用微波炉加热来制作。可以缩短烧开水的时间，中午吃的时候还保留着口感，所以非常推荐。

将切好的蔬菜放入耐热容器中（洗净的蔬菜不要把水分拧干，没有水分的蔬菜要少洒一点水），轻轻覆上保鲜膜，用微波炉加热。

扁豆

扁豆用盐水煮会提升甜味。搭配猪肉和青椒丝、胡萝卜丝用蚝油和酱油调味就是一道非常美味的下饭菜，口味柔和的扁豆也成了恰到好处的小菜。

甜豆

甜豆肉厚且甜，所以常常直接放进去，或简单加点蛋黄酱就可以吃了。剥开豆荚，让豆粒露出来也赏心悦目。搭配猪肉酱（P60，放了彩椒）和海带做的佃煮、炒鸡蛋（P68）。

RECIPE
70

扁豆

[材料]

扁豆 10 根 盐 1 小撮 水 200mL

1 在小号的锅里加入水和盐，烧开。扁豆去掉茎和筋。

2 将扁豆放入锅中煮 1 分钟，变成鲜艳的翠绿色后捞出，沥干水分，放凉。

RECIPE
71

甜豆

[材料]

甜豆 5 根 水 1 大匙

1 将甜豆在耐热容器中摆好，不要堆在一起，加水，轻轻覆上保鲜膜，用 600W 的微波炉加热 40 秒。

2 去掉保鲜膜，沥去多余的水分，去除余热。

便当的摆盘

刚开始使用木质便当盒的时候，不知道该怎么摆盘，犯了很多错误。常用生菜等叶菜来做分隔，或者一次用好几个流行的硅胶蛋糕杯，还有装上满满的一盒菜。现在再看过去的照片，感觉用力过猛了。

随着时间的流逝，逐渐学会了放松，不去做那些徒劳的事情了。硅胶蛋糕杯的油污很难清洗所以弃用了，生菜类用来做分隔的话，会蔫掉，于是切成细丝作为一道菜品来装盒。菜也不再装得过满，竖起来更能体现出立体感。

[以前的便当是长这个样子的]

用生菜和硅胶蛋糕杯来做分隔。现在看来有点辣眼睛。

铺上大叶蔬菜，进而在硅胶蛋糕杯里也装入菜肴的二重构造。

装得满满的双层食盒。米饭上的装饰也用力过猛。

使用了硅胶蛋糕杯。把食材切成各种装饰用的形状，比现在花了很多工序。

肉末装得太满，压缩了其他菜式的空间。

无论如何都要把所有空隙填满，装的菜量过多。

[便当摆盘的技巧]

01 **02** **03** **04**

盛米饭的时候要压出倾斜的角度

往便当盒里盛米饭的时候，要用饭勺按压出倾斜的角度。这样做可以在装菜的时候呈现出立体感，平衡紧凑。

垫上纸杯

在盛菜的空间里，垫上纸质的分隔用的杯子。便当盒的边缘容易积攒污垢，所以把纸杯压扁来遮住。

让菜立起来紧挨着米饭

摆盘的时候，沿着米饭的斜面，尽量让菜立起来紧挨着米饭。下面铺上青紫苏，不仅可以做分隔，还能够突出色彩。

不要一次性装入全部的菜，在最后做调整

不要一开始就把所有的菜都装进去，而要少留出一点，先装一下试试。视整体的平衡，如果体积不够的话，最后再加量调整。

完成

主菜是肉卷（P30），副菜是韩式拌卷心菜（P28）、海苔鸡蛋卷（P43）。米饭上撒上黑芝麻，再放上腌的新姜，大功告成！

分隔用的纸杯

使用纸质的杯子，与其说是做分隔用，不如说是为了防止油污而垫在便当盒里的。主要使用的是直径为 3~5cm 的纸杯，加一点蛋黄酱或番茄酱的时候也常用小号的纸杯。

决定摆盘成败的四大要点

给大家介绍不用花太多时间，而且可以摆得很有型的摆盘要点。

当你不知道该如何摆盘时，可以参考一下。

POINT 1　大叶蔬菜做成菜

大叶的蔬菜用作分隔或垫在下面的话会变得软软的。

那就切成细丝，直接装进去，作为小菜来吃吧。

用青紫苏来做分隔，本身具有抗菌作用，所以也推荐盛夏时节用来预防食物中毒。

为了隔开不同的菜式，把卷心菜切丝放了进去。

在酱汁猪排的旁边放了生菜，作为油炸食品的小菜。

米饭上铺了青紫苏，上面放了木须猪排，突出绿色。

POINT 2　没有红色系菜时的救世主

配色的时候想要红色，却没有相应的菜，这个时候也不要放弃。

番茄酱也是优秀的红色菜式。

确实什么都没有的时候，用红色的杯子也是一种方法。

在小号纸杯里放了一点番茄酱，放在便当盒的正中央。

在嫩煎鸡排的上面淋上满满的番茄酱来强调红色。

红色不够，所以把黄瓜和金枪鱼做的沙拉装进红色杯子里。

［紫色］
酱黄瓜

［黑色］
海带佃煮

［粉色］
甜醋腌新姜

［粉色］
红姜丝

［黄色］
腌萝卜

［绿色］
腌野泽菜

朴素的常备菜

POINT 3　有了它就很方便的咸菜

放上不同的咸菜，经常对摆盘起着决定性的作用。
紫色、粉色、黄色、绿色、黑色等，5 种颜色都常备一点会很方便。

牛肉和干萝卜条颜色太素，用鲜艳的红姜来衬托。

米饭的正中央放了海带的佃煮勾出线条，又放了腌萝卜。

POINT 4　米饭加配料

有时候米饭的白色面积太大的话，会显得便当有些萧瑟。
所以我总是撒上些对健康有好处的黑芝麻。
另外，还撒上红紫苏等拌饭料，加点梅干等，便当的印象都会随之改变。

在米饭上撒上拌饭料，和鸡蛋卷的黄色交相辉映，就成了一款印象明快的便当。

双层便当盛盒米饭会比较多，所以在正中央用红紫苏拌饭料勾出线条。

偶尔做点杂粮饭也很有新鲜感。米饭有了颜色，便当就不会显得过于朴素了。

95

KURIKAESHI TSUKURITAKUNARU! RAKU BENTO RECIPE

© RIE HASEGAWA 2017

Originally published in Japan in 2017 by EI Publishing Co., Ltds.

Chinese (Simplified Character only) translation rights arranged with EI

Publishing Co., Ltd. through TOHAN CORPORATION, TOKYO.

©2019 辽宁科学技术出版社

著作权合同登记号：第 06-2017-316 号。

图书在版编目（CIP）数据

便当教室 /（日）长谷川理惠著；赵秀云译 . — 沈阳：辽宁科学技术
出版社，2019.8

ISBN 978-7-5591-1143-2

Ⅰ . ①便… Ⅱ . ①长… ②赵… Ⅲ . ①食谱 Ⅳ . ① TS972.12

中国版本图书馆 CIP 数据核字 (2019) 第 067519 号

出版发行：辽宁科学技术出版社
　　　　　（地址：沈阳市和平区十一纬路 25 号　邮编：110003）
印 刷 者：辽宁新华印务有限公司
经 销 者：各地新华书店
幅面尺寸：170mm×240mm
印　　张：6
字　　数：100 千字
出版时间：2019 年 8 月第 1 版
印刷时间：2019 年 8 月第 1 次印刷
责任编辑：朴海玉
封面设计：魔杰设计
版式设计：袁　舒
责任校对：徐　跃

书　　号：ISBN 978-7-5591-1143-2
定　　价：39.80 元

投稿热线：024-23280258
邮购热线：024-23284502
投稿 QQ：117123438